普通高等院校化学化工类系列教材

孙玉凤　刘春玲　厉安昕　主　编
毕韶丹　唐祝兴　周　丽　高慧妍　副主编

分析化学实验

Analytical Chemistry Experiments

清华大学出版社

北京

版权所有，侵权必究。举报：010-62782989，beiqinquan@tup.tsinghua.edu.cn。

图书在版编目(CIP)数据

分析化学实验/孙玉凤,刘春玲,厉安昕主编. —北京：清华大学出版社,2019.12(2024.2重印)
普通高等院校化学化工类系列教材
ISBN 978-7-302-54448-7

Ⅰ. ①分… Ⅱ. ①孙… ②刘… ③厉… Ⅲ. ①分析化学－化学实验－高等学校－教材 Ⅳ. ①O652.1

中国版本图书馆 CIP 数据核字(2019)第 264475 号

责任编辑：袁　琦
封面设计：常雪影
责任校对：王淑云
责任印制：刘海龙

出版发行：清华大学出版社
网　　址：https://www.tup.com.cn, https://www.wqxuetang.com
地　　址：北京清华大学学研大厦A座　　　　　邮　编：100084
社 总 机：010-83470000　　　　　　　　　　　邮　购：010-62786544
投稿与读者服务：010-62776969, c-service@tup.tsinghua.edu.cn
质量反馈：010-62772015, zhiliang@tup.tsinghua.edu.cn

印 装 者：三河市人民印务有限公司
经　　销：全国新华书店
开　　本：185mm×260mm　　印　张：8.5　　　　字　数：206千字
版　　次：2019年12月第1版　　　　　　　　　印　次：2024年2月第5次印刷
定　　价：28.80元

产品编号：083176-01

编 委 会

主　编：孙玉凤　刘春玲　厉安昕
副主编：毕韶丹　唐祝兴　周　丽　高慧妍
编　者（以姓氏笔画为序）：
　　　　王　彦　厉安昕　刘春玲
　　　　毕韶丹　孙玉凤　陈海春
　　　　周　丽　高慧妍　唐祝兴

前　言

分析化学实验是分析化学课程体系的重要组成部分，它综合了无机化学、有机化学、仪器分析等各门实验的方法，以测量各种物质含量为基本内容，是培养学生掌握基本的分析测试方法、测定技术的一门综合性基础实践课程。分析化学实验是化学化工专业重要的基础课之一，能够培养学生理论联系实际，掌握基本实验技能和初步进行科学实验的能力。因此本书对实验目的、基本原理、实验步骤、实验室基本知识和实验记录等，叙述详细一些，并对实验操作中应注意之点加注说明，以便教师及实验室进行教学准备和学生自学。本书中还对分析化学实验课程列出具体考查内容，使学生明确要求，也便于教师督促检查。

分析化学实验的任务不仅是训练学生正确掌握实验基本技能，完成定量测定，同时应注意以理论指导实践，培养学生掌握观察现象、分析问题和判断结果等进行科学研究的方法。为此，在一些实验中，在不增加教学负担的情况下，利用已测得数据和实测条件作进一步的计算，使学生能对基本理论、基本概念加深理解。

本书的实验内容分为三个层次，即基本操作练习实验、基础实验、综合实验，分别侧重培养学生的基本操作技能、独立实验能力及综合运用知识进行科学研究的能力。实验涉及一般化学试样、生物试样、药物试样、矿物试样及环境试样等的测试，包括 35 个实验。使用本教材时，可根据学时数和实验的简繁情况一次安排一个实验或两个内容相关的实验。

由于常见离子的定性分析实验在无机化学实验中已有安排，本书不作安排。在药品的选择上尽量使用对环境污染小、便宜易得的药品。本书由沈阳理工大学孙玉凤老师、刘春玲老师及沈阳科技学院的厉安昕老师主编，副主编为辽宁中医药大学杏林学院的周丽老师、沈阳科技学院的高慧妍老师以及沈阳理工大学的毕韶丹老师和唐祝兴老师，在此谨向他们表示衷心的感谢。

由于编者水平有限，书中难免有错误和不妥之处，敬请读者批评和指正。

编　者
2019 年 8 月

目 录

第1章 分析化学实验的基础知识 ……………………………………… 1
  1.1 分析化学实验的要求 ………………………………………… 1
  1.2 实验室安全常识 ……………………………………………… 2
  1.3 分析用纯水 …………………………………………………… 3
  1.4 试剂的一般知识 ……………………………………………… 4
  1.5 玻璃器皿的洗涤 ……………………………………………… 5

第2章 半微量定性分析中常用仪器及基本操作 ………………………… 7
  2.1 定性分析常用仪器 …………………………………………… 7
  2.2 定性分析基本操作 …………………………………………… 9

第3章 定量分析仪器与操作方法 ………………………………………… 14
  3.1 滴定分析仪器与操作方法 …………………………………… 14
  3.2 沉淀重量分析法的操作与仪器 ……………………………… 21
  3.3 酸度计 ………………………………………………………… 27
  3.4 分光光度计 …………………………………………………… 30
  3.5 电子分析天平 ………………………………………………… 33

第4章 定量分析基本操作实验 …………………………………………… 36
  实验1 电子分析天平的操作与称量练习 …………………… 36
  实验2 酸碱标准溶液的配制和浓度的比较 ………………… 37
  实验3 NaOH溶液浓度的配制和标定 ……………………… 40
  实验4 盐酸标准溶液的配制和标定 ………………………… 42

第5章 酸碱滴定实验 ……………………………………………………… 44
  实验5 食用醋总酸度的测定 ………………………………… 44
  实验6 工业纯碱总碱度的测定 ……………………………… 46
  实验7 碱液中NaOH及Na_2CO_3含量的测定(双指示剂法) …… 47
  实验8 阿司匹林药片中乙酰水杨酸含量的测定 …………… 49

第6章 氧化还原滴定实验 ………………………………………………… 53
  实验9 过氧化氢含量的测定 ………………………………… 53

实验 10	化学需氧量的测定	55
实验 11	硫代硫酸钠标准溶液的配制和标定	57
实验 12	铜溶液中铜含量的测定	59

第 7 章　络合滴定实验　62

实验 13	EDTA 溶液的标定	62
实验 14	自来水硬度的测定	64
实验 15	铅、铋混合液中铅、铋含量的连续测定	66

第 8 章　沉淀滴定与重量分析实验　69

实验 16	莫尔法测定可溶性氯化物中氯含量	69
实验 17	佛尔哈德法测定可溶性氯化物中氯含量	71
实验 18	葡萄糖干燥失重实验	73
实验 19	植物或肥料中钾含量的测定	75

第 9 章　分光光度法实验　77

实验 20	分光光度法基础实验	77
实验 21	邻二氮菲分光光度法测定水中微量的铁	78
实验 22	维生素 B_{12} 注射液吸收曲线的测绘	82
实验 23	维生素 B_{12} 注射液的定性鉴别及定量分析	83
实验 24	分光光度法测定芦丁的含量	84
实验 25	紫外双波长光度法测定混合物中苯酚的含量	86
实验 26	紫外吸收光谱法鉴定苯甲酸、苯胺、苯酚	88

第 10 章　常用的分离富集实验　91

实验 27	离子交换法分离 Fe^{3+} 与 Co^{2+}	91
实验 28	钢中磷的测定——乙酸丁酯萃取磷钼蓝光度法	93
实验 29	萃取分离——分光光度法测定环境水样中微量铅	95
实验 30	氢氧化铁共沉淀富集——5-Cl-PADAB 分光光度法测定水中的微量钴	97
实验 31	薄层板的制作及薄层色谱的应用	99
实验 32	中药大黄的薄层色谱鉴别	101

第 11 章　综合实验　103

实验 33	水泥熟料中 SiO_2、Fe_2O_3、Al_2O_3、CaO 和 MgO 含量的测定	103
实验 34	硫酸亚铁铵的制备及产品质量检验	108
实验 35	铬天青 S 分光光度法测定微量铝——铝的二元与三元络合物的比较	112

参考文献 ……………………………………………………………………………… 115
附录 …………………………………………………………………………………… 116
    附录 A　常用指示剂 ……………………………………………………………… 116
    附录 B　常用缓冲溶液的配制 …………………………………………………… 119
    附录 C　常用浓酸、浓碱的密度和浓度 ………………………………………… 119
    附录 D　国产滤纸的型号与性质 ………………………………………………… 120
    附录 E　常用基准物质的干燥条件及应用 ……………………………………… 120
    附录 F　相对原子质量表(2001 年) ……………………………………………… 121
    附录 G　常用化合物的相对分子质量表 ………………………………………… 124

第1章 分析化学实验的基础知识

1.1 分析化学实验的要求

分析化学实验课程对提高学生的动手能力、分析和解决问题的能力及培养学生严谨的科学态度和实事求是的工作作风有重要作用。要学好这门课程,达到预期的目的,在学习过程中应注意做到如下几点:

(1) 实验前认真预习,结合理论学习教材,领会实验原理,了解实验步骤和注意事项,做好必要的预习笔记,如查好有关数据,列出数据记录表格以及实验顺序等。

(2) 实验操作要严格规范,仔细观察实验现象,并及时认真地做好记录,所有的原始数据都要记在专用的实验记录本上。实验过程中测量数据时,应注意其有效数字的位数。如用分析天平称量时,要求记录到 0.0001g;常量滴定管及吸量管的读数应记录至 0.01mL;用分光光度计测量溶液的吸光度时,若吸光度在 0.6 以下,应记录至 0.001 的读数,大于 0.6 时,则要求记录至 0.01 的读数等。实验记录上的每一个数据,都是测量结果,所以重复观测时,即使数据完全相同,也都要记录下来。文字记录应力求工整、清楚,记录数据可采用一定的表格形式。实验中,如发现数据算错、测错或读错而需要改动时,将该数据用一横线划去,并在其上方写上正确的数字。平行实验数据之间的相对偏差一般要求不超过 ±0.2% 或 ±0.3%。对于实验中复杂试样的结果分析,偏差要求可略微放宽。

(3) 保持实验台和整个实验室的整洁、安静、集中思想、积极思考、有序地进行实验。了解实验室安全常识,爱护仪器,树立环境保护意识,在保证实验要求的前提下尽量节约试剂及能源。

(4) 实验完毕,认真写好实验报告。实验报告一般包括题目、日期、实验目的、简单原理、原始数据、结果(附计算公式)和讨论等,数据表格要一目了然。写报告可参考以下格式:

实验(编号)　实验名称

一、实验目的

二、实验原理

简要地用文字和化学反应式说明。例如,对于滴定分析,通常应有标定和滴定反应方程式,基准物质和指示剂的选择,标定和滴定的计算公式等。对特殊实验装置,应画出实验装置图。

三、仪器和试剂

列出实验中所要使用的主要仪器和试剂。除非特别注明,本教材中所用化学试剂均为分析纯,实验用水为蒸馏水。

四、实验步骤

应简明扼要地写出实验步骤。

五、实验数据及其处理

应用文字、表格、图形将数据表示出来。根据实验要求及计算公式计算出分析结果并进行有关数据和误差处理,尽可能地使记录表格化。

六、问题讨论

结合分析化学中有关理论解答实验教材上的思考题,对实验现象、产生的误差等进行讨论和分析。

1.2 实验室安全常识

在分析化学实验中,经常使用腐蚀性的、易燃的、易爆炸的或有毒的化学试剂,还有易损的玻璃仪器和某些精密分析仪器及煤气、水、电等。为确保人身安全及实验室仪器设备的安全,必须严格遵守实验室的安全规则。

(1) 实验室内严禁饮食、吸烟,一切化学药品禁止入口。实验完毕须洗手。水、电、煤气等使用完毕后,应立即关闭。离开实验室时,应仔细检查水、电、煤气、门、窗是否均已关好。

(2) 使用煤气灯时,应先将空气孔调小,再点燃火柴,然后一边打开煤气开关,一边点火。不允许先开煤气灯,再点燃火柴。点燃煤气灯后,应调节好火焰,用后立即关闭。

(3) 使用电器设备时,应特别细心,切不可用湿润的手去开启电闸和电器开关。凡是漏电的仪器不要使用,以免触电。

(4) 使用浓酸、浓碱及其他具有腐蚀性的试剂时要特别小心,切勿溅在皮肤或衣服上。使用浓 HNO_3、HCl、H_2SO_4、$HClO_4$、氨水时,均应在通风橱中操作。夏天,打开浓氨水瓶盖之前,应先将氨水瓶放在自来水水流下冷却后,再行开启。如不小心将浓酸或浓碱溅到皮肤或眼内应立即用干布擦去,再快速用大量水冲洗,然后用 $50g·L^{-1}$ 碳酸氢钠(酸腐蚀时使用)或 $50g·L^{-1}$ 硼酸溶液(碱腐蚀时使用)冲洗,最后用水冲洗。

(5) 使用 CCl_4、乙醚、苯、丙酮、三氯甲烷等有机溶剂时,一定要远离火焰和热源。使用完后将试剂瓶塞严,放在阴凉处保存。低沸点的有机溶剂不能直接在火焰或热源(煤气灯或电炉)上加热,而应在水浴上加热。

(6) 热、浓的 $HClO_4$ 遇有机物常易发生爆炸。如果试样为有机物,应先加浓硝酸并加热,使之与有机物发生反应,有机物被破坏后再加入 $HClO_4$。蒸发 $HClO_4$ 所产生的烟雾易在通风橱中凝聚,如经常使用 $HClO_4$,通风橱应定期用水冲洗,以免 $HClO_4$ 的凝聚物与尘埃、有机物作用,引起燃烧或爆炸,造成事故。

(7) 使用汞盐、砷化物、氰化物等剧毒物品时应特别小心。氰化物不能接触酸,因作用时产生的 HCN、氰化物废液应倒入碱性亚铁盐溶液中,使其转化为铁氰化亚铁盐,然后作废液处理,严禁直接倒入下水道或废液缸中。用后的汞应收集在专用的回收容器中,切不可随意倒弃,万一发现少量汞洒落,要尽量收集干净,然后在可能洒落的地方撒上一些硫磺粉,并清扫干净,作固体废物处理。硫化氢气体有毒,涉及硫化氢气体的操作时,一定要在通风橱中进行。

(8) 如发生烫伤,可在烫伤处抹上黄色的苦味酸溶液或烫伤软膏。严重者应立即送医院治疗。实验室如发生火灾,应根据起火原因进行针对性灭火。汽油、乙醚等有机溶剂着火时,用沙土扑灭,此时绝对不能用水,否则反而会扩大燃烧面;导线或电器着火时,不能用水或 CO_2 灭火器,而应首先切断电源,用 CCl_4 灭火器灭火,并根据火情决定是否要向消防部门报告。

(9) 实验室应保持室内整齐、干净。不能将毛刷、抹布扔在水槽中。禁止将固体物、玻璃碎片等扔入水槽,以免造成下水道堵塞。此类物质以及废纸、废屑应放入废纸箱或实验室规定存放的地方。废酸、废碱应小心倒入废液缸,切勿倒入水槽内,以免腐蚀下水管。

1.3 分析用纯水

纯水是分析化学实验中最常用的纯净溶剂和洗涤剂。根据分析的任务和要求的不同,对水的纯度要求也有所不同。一般的分析工作,采用蒸馏水或去离子水即可;超纯物质的分析,则需纯度较高的"超纯水"。在一般的分析实验中,离子选择电极法、络合滴定法和银量法用水的纯度又较高些。

纯水常用以下三种方法制备:

(1) 蒸馏法:蒸馏法能除去水中的非挥发性杂质,但不能除去易溶于水的气体。同是蒸馏而得的纯水,由于蒸馏器的材料不同,所带的杂质也不同。目前使用的蒸馏器有玻璃、铜和石英等材料制成的。

(2) 离子交换法:这是应用离子交换树脂分离出水中的杂质离子的方法。因此用此法制得的水通常称为"去离子水"。此法的优点是容易制得大量的水(因而成本低),而且纯度高,缺点是设备较复杂。

(3) 电渗析法:这是在离子交换技术基础上发展起来的一种方法。它是在外电场的作用下,利用阴、阳离子交换膜对溶液中离子的选择性透过而使杂质离子自水中分离出来的方法。

纯水并不是绝对不含杂质,只是其杂质的含量极微少而已。随制备方法和所用仪器的材料不同,其杂质的种类和含量也有所不同。用玻璃蒸馏器蒸馏所得的水含有较多的(相对而言)Na^+、SiO_3^{2-} 等离子;用铜蒸馏器制得的则含有较多的 Cu^{2+} 离子等;用离子交换法或电渗析法制备的水则含有微生物和某些有机物等。

纯水的质量可以通过检验来了解。检验的项目很多,现仅结合一般分析实验室的要求简略介绍主要的检查项目如下:

(1) 电阻率:25℃时电阻率为 $(1.0\sim10)\times10^6\ \Omega\cdot cm$ 的水为纯水,$>10\times10^6\ \Omega\cdot cm$ 的水为超纯水。

(2) 酸碱度:要求 pH 为 6~7。取 2 支试管,各加被检查的水 10mL,一管加甲基红指示剂 2 滴,不得显红色,另一管加 0.1%溴麝香草酚蓝(溴百里酚蓝)指示剂 5 滴,不得显蓝色。

(3) 钙镁离子:取 10mL 被检查的水,加氨水-氯化铵缓冲溶液(pH≈10),调节溶液 pH 至 10 左右,加入铬黑 T 指示剂 1 滴,不得显红色。

(4) 氯离子:取 10mL 被检查的水,用 HNO_3 酸化,加 1% $AgNO_3$ 溶液 2 滴,摇匀后不得有浑浊现象。

分析用的纯水必须严格保持纯净,防止污染,使用时注意以下几点:

(1) 装纯水的容器本身(主要是容器内壁,其次是外部)要清洁。

(2) 纯水瓶口要随时盖上盖子(无论瓶内是否有水),空气导管口最好加盖指形管或指套。

(3) 插入瓶内的玻璃导管,长度要合适,要保持清洁,取水要用专用水管。

(4) 要保持洗瓶的洁净,

(5) 纯水瓶旁不要放置易挥发的试剂如浓盐酸、氨水等。

1.4 试剂的一般知识

1.4.1 常用试剂的规格

化学试剂的规格是以其中所含杂质多少来划分的,一般可分为四个等级,其规格和适用范围见表 1-1。

表 1-1 试剂规格和适用范围

等级	名称	英文名称	符号	适用范围	标签标志
一级品	优级纯(保证试剂)	guarante reagent	G. R.	纯度很高,适用于精密分析工作和科学研究工作	绿色
二级品	分析纯(分析试剂)	analytical reagent	A. R.	纯度仅次于一级品,适用于多数分析工作和科学研究工作	红色
三级品	化学纯	chemical pure	C. P.	纯度较二级差些,适用于一般分析工作	蓝色
四级品	实验试剂医用	laboratorial reagent	L. R.	纯度较低,适用于实验辅助试剂	棕色或其他颜色
	生物试剂	biological reagent	B. R. 或 C. R.		黄色或其他颜色

此外,还有光谱纯试剂、基准试剂、色谱纯试剂等。

光谱纯试剂(符号 S. P.)的杂质含量用光谱分析法已测不出或者其杂质的含量低于某一限度,这种试剂主要用作为光谱分析中的标准物质。

基准试剂的纯度相当于或高于保证试剂。基准试剂用作为容量分析中的基准物是非常方便的,也可用于直接配制标准溶液。

在分析工作中,选择试剂的纯度除了要与所用方法相当,实验用水、操作器皿也要与试剂的等级相适应。若试剂都选用 G. R. 级的,则不宜使用普通的蒸馏水或去离子水,而应使用经两次蒸馏制得的重蒸馏水。所用器皿的质地也要求较高,使用过程中不应有物质溶解到溶液中,以免影响测定的准确度。

选用试剂时,要注意节约原则,不要盲目追求纯度高,应根据具体要求取用。优级纯和分析纯试剂,虽然是市售试剂中的纯品,但有时由于包装或取用不慎而混入杂质,或运输过程中可能发生变化,或储藏日久而变质,所以还应具体情况具体分析。对所用试剂的规格有所怀疑时应该进行鉴定。在特殊情况下,市售的试剂纯度不能满足要求时,分析者就应自己动手精制。

1.4.2 取用试剂注意事项

(1) 取用试剂时应注意保持清洁。瓶塞不许任意放置,取用后应立即盖好密封,以防被其他物质沾污或变质。

(2) 固体试剂应用洁净干燥的小勺取用。取用强碱性或强酸性试剂后的小勺应立即洗净,以免腐蚀。

(3) 用吸管吸取试剂溶液时,决不能用未经洗净的同一吸管插入不同的试剂瓶中取用。

(4) 所以盛装试剂的瓶上都应贴有明显的标签,写明试剂的名称、规格及配制日期。绝对不能在试剂瓶中装入不是标签所写的试剂。没有标签标明名称和规格的试剂,在未查明前不能随便使用。书写标签最后用绘图墨汁,以免日久褪色。

(5) 在分析工作中,试剂的浓度及用量应按要求适当使用,过浓或过多,不仅造成浪费,而且还可能产生副反应,甚至得不到正确的结果。

1.4.3 试剂的保管

试剂的保管在实验室中也是一项十分重要的工作。有的试剂因保管不好而变质失效,这不仅是一种浪费,而且还会使分析工作失败,甚至会引起事故。一般的化学试剂应保存在通风良好、干净、干燥的房子里,防止水分、灰尘和其他物质沾污。同时,根据试剂性质应有不同的保管方法:

(1) 容易侵蚀玻璃而影响试剂纯度的,如氢氟酸、含氟盐(氟化钾、氟化钠、氟化铵)、苛性碱(氢氧化钾、氢氧化钠)等,应保存在塑料瓶或涂有石蜡的玻璃瓶中。

(2) 见光会逐渐分解的试剂如过氧化氢(双氧水,H_2O_2)、硝酸银、焦性没食子酸、高锰酸钾、草酸、铋酸钠等,与空气接触易逐步被氧化的试剂如氯化亚锡、硫酸亚铁、亚硫酸钠等,以及易挥发的试剂如溴、氨水及乙醇等,应放在棕色瓶内置冷暗处。

(3) 吸水性强的试剂如无水碳酸盐、苛性钠、过氧化钠等应严格密封(应该蜡封)。

(4) 相互易作用的试剂如挥发性的酸与氨,氧化剂与还原剂,应分开存放。易燃的试剂如乙醇、乙醚、苯、丙酮与易爆炸的试剂如高氯酸、过氧化氢、硝基化合物,应分开储存在阴凉通风、不受阳光直接照射的地方。

(5) 剧毒试剂如氰化钾、氰化钠、氢氟酸、二氧化汞、三氧化二砷(砒霜)等,应特别妥善保管,经一定手续方可取用,以免发生事故。

1.5 玻璃器皿的洗涤

分析实验室中常用的洁净剂是肥皂、肥皂液(特制商品)、洗衣粉、去污粉、各种洗涤液和有机溶剂等。

一般的器皿如烧杯、锥形瓶、试剂瓶、表面皿等，可用刷子蘸取去污粉、洗衣粉、肥皂液等直接刷洗其内外表面。滴定管、容量瓶和吸管等量器，为了避免容器内壁受机械磨损而影响容积测量的准确度，一般不用刷子刷洗，如果其内壁占有油脂性污物，用自来水不能洗去时，则选用合适的洗涤剂淌洗，必要时把洗涤剂先加热，并浸泡一段时间。铬酸洗液，因其具有很强的氧化能力而对玻璃的腐蚀作用又极小，过去使用得很广泛，现考虑到六价铬对人体有害的问题，在可能情况下，不要多用。必需使用时，注意不要让它溅到身上（它会"烧"破衣服和侵蚀皮肤）。最好在容器内壁干燥的情况下将洗液倒入（因经水稀释后去污能力降低），用过的洗液仍倒回原瓶中。淌洗过的器皿，第一次用少量自来水冲洗，此少量水应倒在废液缸中，以免腐蚀水槽和下水道。

滴定管等量器，不宜用强碱性的洗涤剂洗涤，以免玻璃受腐蚀而影响容积的准确性。洗干净的玻璃仪器，其内壁应该不挂水珠，此点对滴定管特别重要。用纯水冲洗仪器时，采用顺壁冲洗并加摇荡以及每次用少量水而多洗几次的方法，能达到清洗得好、快、省的目的。

称量瓶、容量瓶、碘量瓶、干燥器等具有磨口塞、盖的器皿，在洗涤时应注意各自的配套，切勿"张冠李戴"，以免破坏磨口处的严密性。

第 2 章
半微量定性分析中常用仪器及基本操作

2.1 定性分析常用仪器

2.1.1 离心管

在半微量定性分析中,为了便于观察实验现象和沉淀的离心沉降,实验一般都在离心管中进行。离心管是底部呈锥形的玻璃试管(图 2-1),常见的有 3mL、5mL、10mL 三种规格。有的离心管带有刻度,可以读出所装溶液的体积。离心管主要用来进行沉淀的离心沉降和观察少量沉淀的生成及沉淀颜色的变化,也可进行溶剂萃取。注意离心管不得直接在火上加热,应放在水浴中加热。

2.1.2 滴管、毛细吸管和搅拌棒

滴管(图 2-2(a))顶端装有橡胶(或塑料)乳头,用于吸取溶液,转移沉淀,滴加试剂等。常用的滴管每滴为 0.04~0.05mL(即 20 滴为 1mL)。

毛细吸管(图 2-2(b))与滴管相似,但尖端较滴管细而长,主要用于从离心管中吸出沉淀上部的离心液。定性分析实验中常使用不装橡胶乳头的毛细吸管,利用其细长管尖的毛细作用移取 0.001~0.05mL 的液滴进行纸上点滴反应(用于纸上点滴反应的毛细吸管的管口一定要平齐)。

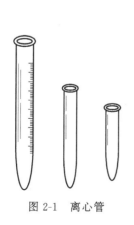

图 2-1 离心管

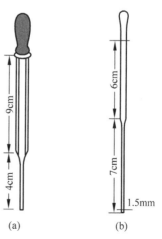

图 2-2 滴管和毛细吸管
(a) 滴管;(b) 毛细吸管

搅拌棒(图 2-3)是一端拉细,尖端烧圆略呈球形的玻璃棒,用于搅拌离心管中的液体或带有沉淀的溶液,另一端也可制成小勺状,用来取少量固体试剂。

洗净的滴管、毛细吸管和搅拌棒可放于储有蒸馏水的广口瓶中,用后可放入另一储有自来水的广口瓶(或烧杯)中,待集中洗涤,不可混淆。

2.1.3 点滴板

点滴板(图 2-4)是带有圆形凹槽的瓷板。在凹槽中进行定性反应。常见的点滴板有黑白两种。点滴板适用于1～2滴试液与1～2滴试剂混合后不需加热便能产生颜色变化,生成白色或有色沉淀的鉴定反应。

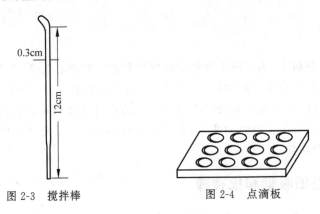

图 2-3 搅拌棒　　图 2-4 点滴板

2.1.4 构皿和坩埚

图 2-5 所示的有柄小蒸发皿和瓷坩埚(10mL),在定性分析中常用于蒸发溶液,灼烧分解铵盐。

2.1.5 坩埚钳

坩埚钳一般为镀铬的金属钳(图 2-6),用来夹取坩埚。

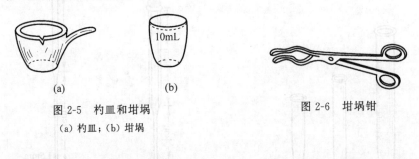

图 2-5　构皿和坩埚　　　　　图 2-6　坩埚钳
(a) 构皿；(b) 坩埚

2.1.6 离心机

常用离心机(图 2-7)的使用方法如下:
(1) 在离心机管套底部垫上棉花、橡胶或泡沫塑料等柔软物质,以防旋转时碰破离心管。

第 2 章 半微量定性分析中常用仪器及基本操作

图 2-7 离心机

（2）将盛有被分离混合物的离心管放入离心机的一个管套中，离心管口稍高出管套。注意要在对称位置上放有重量相近的离心管，以保持离心机的平衡。否则在旋转时发生振动，易损坏离心机。

（3）开动离心机应由慢速开始，运转平稳后再过渡到快速。

（4）离心机的转速和旋转时间视沉淀的性状而定。晶形沉淀转速 $1000 \mathrm{r \cdot min^{-1}}$，旋转 1～2min 即可；非晶形沉淀沉降较慢，转速可提高到 $2000 \mathrm{r \cdot min^{-1}}$，需 3～4min。若超过上述时间仍未能使固相与液相分开，继续旋转也无效，需加热或加电解质使沉淀凝聚。

（5）关机后，待离心机自行停止转动，再小心地从两侧捏住离心管口边缘，将其从管套中取出（或用镊子夹取）。不得在离心机转动时用手使其停止，也不准用手指插入离心管中拔取离心管。

（6）假如在离心过程中发现离心管损坏，必须立刻停机，取出管套，清除碎玻璃片并仔细用水洗净，用布擦干以免腐蚀。

2.2 定性分析基本操作

2.2.1 仪器的洗涤

离心管等玻璃仪器应先用自来水润湿，用刷子蘸清洁剂刷洗器壁，再用自来水冲洗，最后用少量蒸馏水洗 2～3 次。滴管等不便用刷子刷洗的器皿，可用其他适宜的洗涤液浸洗，然后再用自来水及蒸馏水冲洗。洗净的仪器应是清洁透明，不挂水珠的。毛细吸管、搅拌棒等洗净后应插在储有清洁蒸馏水的烧杯中，决不允许放在实验台上；离心管洗净后放在离心管架上。

2.2.2 试剂的滴加

滴加液体试剂时，滴管的尖端应略高于离心管口（图 2-8）。不得触及离心管内壁，以免沾污试剂。

使用试剂注意事项：

（1）试剂应按次序排列，取用试剂时不得将瓶自架上取下，以免打乱顺序，寻找困难。

图 2-8 滴加试剂

(2) 试剂严防沾污。不能用自己的滴管取试剂瓶中的试剂,试剂瓶上的滴管除取用时拿在手中,不得放在原瓶以外的任何地方。如滴管被沾污,应立即用蒸馏水冲洗干净,再放回原瓶。拿滴管时,管口应始终保持低于橡胶乳头,不能倒置,以免试剂流入橡胶乳头内沾污试剂。

(3) 取用试剂后将滴管放回原瓶时,要注意试剂瓶的标签与所取试剂是否一致。

(4) 固体试剂也应该用原瓶自带的玻璃药勺取用。

(5) 使用试纸要用镊子夹取。

2.2.3 加热和蒸发

用水浴(图2-9)加热离心管时,水浴中的水应微微沸腾。如溶液需煮沸或蒸发浓缩,则应将溶液放在勺皿或瓷坩埚中,在石棉网上小火加热;在空气浴(图2-10)上加热蒸发更好。

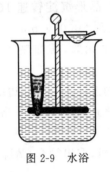

图 2-9　水浴

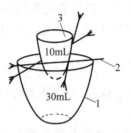

图 2-10　空气浴

1. 镍坩埚；2. 三角架；3. 盛有待蒸发溶液的瓷坩埚

2.2.4 蒸干和灼烧

为了除去有机物和铵盐,需将溶液蒸干后进行灼烧。此时应将溶液放在勺皿或瓷坩埚中,先在水浴或空气浴上加热蒸干,然后再在泥三角上从小火至大火逐步升温灼烧。

2.2.5 沉淀的生成

(1) 在离心管中进行沉淀。将试液加入离心管中,滴加试剂,每加一滴试剂要用玻璃棒充分搅拌,直到沉淀完全。检验沉淀完全的方法是将沉淀离心沉降,在上层清液中沿管壁再加一滴沉淀剂,如不发生浑浊,则表示沉淀已经完全。否则应继续滴加沉淀剂,直到沉淀完全。

(2) 在点滴板上进行沉淀。一般适用于少量试液和试剂在常温下产生沉淀的鉴定反应。若生成白色沉淀可使用黑色点滴板。

(3) 在滤纸上进行沉淀。当某种离子与适当试剂作用生成沉淀时,由于纸的毛细管作用,除沉淀外的其他离子均匀扩散至沉淀区域之外,这样就达到了分离和鉴定的目的。

2.2.6 沉淀离心沉降和沉淀与溶液分离

离心沉降是半微量定性分析中分离沉淀与溶液的基本方法,用离心机完成。

将带有沉淀的离心管放置离心机的管套中,开动离心机,沉淀微粒受离心力的作用而沉降在离心管的尖端。

离心沉降后可用毛细吸管(或滴管)将离心液吸出。方法如下：先用手指捏吸管上端的橡胶乳头,排出其中的空气。将离心管倾斜,把吸管尖端伸入离心液液面下,但不可触及沉淀。然后,慢慢放松橡胶乳头,则溶液被吸入吸管(图 2-11)。将吸管从溶液中取出,把溶液移入另一洁净离心管中。如有必要可重复上述操作。沉淀表面上少量的溶液用去掉橡胶乳头的毛细吸管吸取更为合适(图 2-12)。方法是：将离心管倾斜,利用毛细管作用使液体进入毛细管中。注意吸管尖端与沉淀表面的距离不应小于 1mm。当液体沿毛细吸管停止上升时,将其从离心管中取出,溶液可并入同一离心管中。用这种方法可以将沉淀与溶液较好分离。

图 2-11　毛细吸管的使用

图 2-12　用毛细吸管吸取少量溶液

2.2.7　沉淀的洗涤

沉淀与溶液分离后必须仔细洗涤,否则可能被溶液中其他离子沾污,影响分析鉴定结果。

洗涤沉淀的方法是：用滴管加 2~3 倍于沉淀体积的洗涤液(注意应使其沿离心管内壁周围流下),用搅拌棒充分搅拌后,离心沉降,用滴管或毛细吸管吸出洗涤液,每次尽可能把洗涤液完全吸尽。一般情况下洗涤 2~3 次即可,第 1 次洗涤液并入离心液中,第 2 次及第 3 次洗涤液可弃去。必要时可检验是否洗净,即将 1 滴洗涤液滴在点滴板上,加入适当试剂,检验应分离出去的离子是否还存在。

2.2.8　沉淀的转移和溶解

沉淀如需分成几份,可在洗净的沉淀上加几滴蒸馏水,将滴管伸入溶液,挤压橡胶乳头,借挤出的空气搅动沉淀,使之悬浮于溶液中。然后,放松橡胶乳头,浑浊液则进入滴管,便可将其转移到另外的容器中。

如欲溶解沉淀,可在不断搅拌下慢慢滴加试剂。溶解沉淀一般都在分离和洗涤后立即进行。否则,放置时间过长,沉淀会发生老化现象,有的沉淀可能变得不易溶解。

2.2.9 纸上点滴分析

分析产物（沉淀或可溶物）必须具有颜色方可选用纸上点滴分析。点滴反应需试液（试剂）较少，并可以提高反应的灵敏度和选择性。具体操作如下：

（1）先将试剂或试液滴在点滴板上，然后用去掉橡胶乳头的毛细吸管在点滴板上取用。切不可将毛细吸管直接插入试剂瓶中吸取试剂。

（2）取用试液或试剂时，先将毛细吸管尖端浸入所需溶液液面下 1～2mm 处，然后将毛细吸管取出，垂直持毛细吸管，使其尖端与滤纸接触，轻轻压在滤纸上（滤纸应先做空白试验进行检验），待纸上的潮湿斑点直径扩展成数毫米（图 2-13）时将毛细吸管迅速拿开。在所形成的潮湿斑点中心，按照同样规则，用吸有适当试剂的毛细吸管与其接触。注意溶液绝对不得滴在纸上。

（3）斑点力求呈圆形，这样方可保证试液或试剂均匀分布，"点滴图像"准确、清晰。

（4）各种试剂必须按照顺序加入，否则可能得出错误的结论。

（5）滤纸不要直接放在实验台上或书本上进行操作，最好悬空操作，即用拇指和食指水平拿着滤纸两侧或将滤纸放在清洁干净的坩埚口上进行操作。

2.2.10 焰色反应

将镍铬丝或铂丝做成环状，用浓盐酸湿润金属环，在煤气灯氧化焰中灼烧，如此反复多次，直到火焰不染色，表示金属丝已清洁。然后再蘸取试液在氧化焰中灼烧，观察火焰的颜色。

试验完毕，应将金属丝洗净，方法同上。

注意不能将铂丝放在还原焰中灼烧，以免生成碳化铂，使铂丝脆断。

2.2.11 气体分析

（1）气室反应。气室由两块小表面皿合在一起构成（图 2-14）。先将试纸（石蕊试纸、pH 试纸或浸过所需试剂的试纸）润湿，贴在上表面皿凹面上，然后在下表面皿中放试液和试剂，立即将贴好试纸的上表面皿盖上，在水浴上加热。待反应发生后，观察试纸颜色的变化。

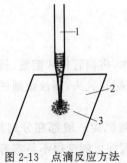

图 2-13　点滴反应方法
1. 毛细吸管；2. 反应纸；3. 湿斑

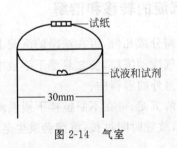

图 2-14　气室

（2）其他验气装置。为了检验由反应产生的气体，还可利用如图 2-15 和图 2-16 所示的装置。

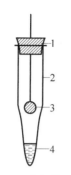

图 2-15　验气装置（1）

1. 带金属丝的塞子；2. 离心管；3. 金属环；4. 试剂

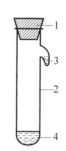

图 2-16　验气装置（2）

1. 塞子；2. 试管；3. 盲肠小管；4. 试剂

采用图 2-15 装置时，将几滴试液放在离心管 2 中，手持带金属丝环的塞子 1，将金属丝（铜丝或镍铬丝）环 3 蘸上 1 滴验气试剂使之成膜。然后在离心管中加入能与试液产生气体的试剂 4，迅速将塞子盖好，观察环中液膜的变化。

如采用图 2-16 装置，操作与上述相同，只是验气试剂采用滴管直接加到盲肠小管 3 内。当气体产生后，观察盲肠小管内试剂的变化。

第 3 章

定量分析仪器与操作方法

3.1 滴定分析仪器与操作方法

滴定分析用的玻璃仪器主要有滴定管、移液管、吸量管、容量瓶等可测量溶液体积的仪器，及锥形瓶、量筒、称量瓶和烧杯等非定容仪器。各仪器的用途不同，操作方法有别。

3.1.1 滴定管

滴定管是用于滴加溶液并确定溶液体积的玻璃仪器。它的上部为带刻度的细长玻璃管，下端为滴液的尖嘴，中间是用于控制滴定速度的旋塞或乳胶管（配以玻璃珠）。滴定管分为酸式滴定管和碱式滴定管两种（图 3-1）。酸式滴定管可用来装酸性、中性及氧化性溶液，但不宜装碱性溶液，因为碱性溶液能腐蚀玻璃磨口和旋塞。碱式滴定管用来装碱性及无氧化性溶液。能与乳胶管起反应的溶液，如高锰酸钾、碘和硝酸银等溶液，不能加入碱式滴定管中。目前市面上还有一种带聚四氟乙烯旋塞的通用型滴定管，这种滴定管可克服上述酸、碱式滴定管存在的旋塞易堵塞、乳胶管易老化及只宜装某些溶液的缺点，使用起来比较方便。

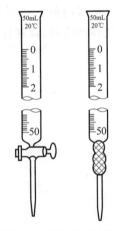

图 3-1 酸式（左）与碱式（右）滴定管

滴定管的容量有大有小，最小的为 1mL，最大的为 100mL，还有 50mL、25mL 和 10mL 的滴定管。常用的是 50mL 和 25mL 滴定管。滴定管的容量精度分为 A 和 B 两级，A 级的精度较高。表 3-1 所示为国家规定的不同容量大小的滴定管的容量允差[①]。

表 3-1 常用滴定管的容量允差（20℃）

标示总容量/mL		2	5	10	25	50	100
分度值/mL		0.02	0.02	0.05	0.1	0.1	0.2
容量允差(±)/mL	A 级	0.010	0.010	0.025	0.05	0.05	0.10
	B 级	0.020	0.020	0.050	0.10	0.10	0.20

---

① 摘自国家标准 GB12805—1991。

1. 滴定管的准备

滴定管一般用自来水冲洗，零刻度线以上部位可用毛刷刷洗，零刻度线以下部位如不干净，则应采用洗液洗（碱式滴定管应除去乳胶管，用橡胶乳头将滴定管下口堵住）。污垢少时可加入约10mL洗液，双手平托滴定管的两端，不断转动滴定管，使洗液润洗滴定管内壁，操作时管口对准洗液瓶口，以防洗液外流。洗完后，将洗液分别由两端放出。如果滴定管太脏，可将洗液装满整根滴定管浸泡一段时间。为防止洗液流出，在滴定管下方可放一烧杯。最后用自来水、蒸馏水洗净。洗净后的滴定管内壁应被水均匀润湿而不挂水珠。如挂水珠，应重新洗涤。

滴定管洗涤好后，可在其中装入蒸馏水至零刻度以上，并垂直地夹在滴定管架上，静置几分钟，观察是否漏水。然后试着滴定一下，看是否能灵活控制滴定速度。若滴定管漏水或操作不灵活，应进行下述处理：

对于酸式滴定管，应在旋塞与塞套内壁涂少许凡士林。涂凡士林时，不要涂得太多，以免堵住旋塞孔；也不要涂得太少，达不到转动灵活和防止漏水之目的。涂凡士林后，将旋塞直接插入旋塞套中。插时旋塞孔应与滴定管平行，此时旋塞不要转动，这样可以避免将凡士林挤到旋塞孔中去。然后，向同一方向不断旋转旋塞，直至旋塞周围呈均匀透明状为止。旋转时，注意应有一定的向旋塞小的一端挤的力，避免来回移动旋塞，使塞孔被堵。最后将橡胶圈套在旋塞小端的沟槽上。若旋塞孔或出口尖嘴被凡士林堵塞，可将滴定管充满蒸馏水后（若室温较低，应加温蒸馏水），将旋塞打开，用洗耳球在滴定管上部挤压，将凡士林排出。

若为碱式滴定管，应检查橡胶管是否老化、玻璃珠大小是否合适。橡胶管老化则更新，玻璃珠过大（不便操作）或过小（会漏溶液）也应更换，以达到控制灵活、不漏溶液的目的。

若为带聚四氟乙烯旋塞的通用型滴定管，则通过调节螺丝即可。

2. 装溶液与排气

将待装的溶液摇匀，并注意使凝结在容器（一般为试剂瓶或容量瓶）内壁上的水珠混入溶液。再用该溶液润洗已清洗的滴定管内壁三次，每次用10～15mL溶液。然后将瓶中的溶液直接倒入滴定管中（注意不要借用其他容器，如烧杯、漏斗等来转移，以免带来误差），直至充满至零刻度以上为止。

倒好溶液后，应检查尖嘴部分和橡胶管（碱式滴定管）内是否有气泡。若碱式滴定管中有气泡，可用右手拿滴定管，左手拇指和食指捏住玻璃珠部位，使橡胶管向上弯曲翘起，并捏挤橡胶管，使溶液从管口喷出，排除气泡（图3-2）。排除酸式滴定管及通用型管中的气泡，可用右手拿滴定管，左手迅速打开旋塞，使溶液冲出管口，流入水槽，同时右手可上下抖动滴定管。排除酸式滴定管滴嘴部分的气泡，也可采用碱式滴定管排气的方法，但在排气前需要在尖嘴上先接一根长约10cm的橡胶管。排完气后，补加溶液至零刻度以上，再在水槽内调节液面至零刻度或稍下处，读取刻度值。

3. 滴定管的读数

滴定管读数前，应看看滴嘴上是否挂着液珠。滴定后，若滴嘴上挂有液珠，则无法准确确定滴定体积。读数时一般应遵循下列原则：

(1) 将滴定管从滴定管架上取下,用右手大拇指和食指捏住滴定管上部(即滴定管及溶液的重心以上),其他手指从旁辅助,使滴定管自然垂直,然后再读数。将滴定管夹在滴定管架上读数的方法,一般不宜采用,因为这样很难保证滴定管垂直和准确读数。

(2) 由于水的附着力和表面张力的作用,滴定管内的液面呈弯月形,无色和浅色溶液的弯月面比较清晰。读数时,视线应与弯月面下缘的最低点相切,即视线应与弯月面下缘的最低点在同一水平面上,如图 3-3 所示。对于有色溶液(如 $KMnO_4$、I_2 等),其弯月面不够清晰,读数时,视线应与液面两侧的最高点相切,这样才较易读准。

图 3-2 碱式滴定管排气泡的方法

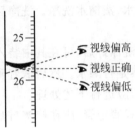

图 3-3 读数视线的位置

(3) 在滴定管装满或放出溶液后,必须等待 1~2min,使附着在内壁的溶液流下来后,再读数。如果放出溶液的速度较慢(如接近化学计量点时就是如此),那么可只等 0.5~1min,即可读数。注意在每次读数前,都看一下管壁内有没有挂水珠,管的尖嘴处有无悬液滴,管嘴内有无气泡。

(4) 必须读至 0.01mL 位。滴定管上两个小刻度之间为 0.1mL,要正确估读其 1/10 的值,需经严格训练方能做到。一般可以这样来估计:当液面在此两小刻度线中间时,最后一位即为 0.05mL;若液面在两小刻度的 1/3 处,即为 0.03mL 或 0.07mL;当液面在两小刻度的 1/5 时,即为 0.02mL 或为 0.08mL 等。

(5) 对于有蓝带的滴定管,读数方法与上述相似。当蓝带滴定管内盛有溶液时,将出现似两个弯月面的上下两个尖端相交,此上下两尖端相交点的位置,即为蓝带管的读数正确位置。

(6) 为便于读数,可采用读数卡,它有利于初学者练习读数。读数卡是用贴有黑纸或涂有黑色长方形(约 3cm×1.5cm)的白纸板制成。读数时,将读数卡放在滴定管背后,使黑色部分在弯月面下约 0.5cm 处,此时即可看到弯月面的反射层全部成为黑色,如图 3-4 所示。然后,读此黑色弯月面下缘的最低点。对有色溶液须读其两侧最高点时,须用白色卡片作为背景。

4. 滴定操作

使用酸式滴定管时,左手握滴定管,其无名指和小指向手心弯曲,轻轻地贴着出口部分,用其余三指控制旋塞的转动,如图 3-5 所示。注意不要向外用力,以免推出旋塞造成漏水,而应使旋塞稍有向手心的回力。通用型滴定管的操作与此类似。

若用碱式滴定管滴定,仍以左手握管,其拇指在前,食指在后,其他三个手指辅助夹住出口管。用拇指和食指捏住玻璃珠所在部位,向右边挤橡胶管,使玻璃珠移至手心一侧,这样,溶液即可从玻璃珠旁边的空隙流出(图 3-5)。注意不要用力捏玻璃珠,不要使玻璃珠上下移动。也不要捏玻璃珠下部橡胶管,以免空气进入而产生气泡。

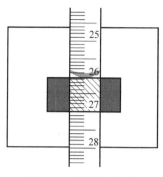

图 3-4　用读数卡读数

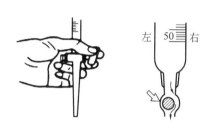

图 3-5　酸式滴定管和碱式滴定管的操作

滴定时要边滴边摇瓶,使滴定剂与被滴物迅速反应。若在锥形瓶中进行滴定,用右手的拇指、食指和中指抓住锥形瓶颈部,其余两指辅助在下侧,使瓶底离滴定台高 2～3cm,滴定管的滴嘴伸入瓶内约 1cm。左手控制滴定管滴加溶液,右手按顺(或反)时针方向摇动锥形瓶,如图 3-6 所示。

在烧杯中滴定时,将烧杯放在滴定台上,调节滴定管的高度,使其下端伸入烧杯内约 1cm。滴定管下端应在烧杯中心的左后方处(放在中央影响搅拌,离杯壁过近不利搅拌均匀)。左手滴加溶液,右手用玻璃棒搅拌溶液(图 3-7)。玻璃棒应作圆周搅动,不要碰到烧杯壁和底部。当滴至接近终点需半滴半滴加入溶液时,可用玻璃棒下端承接悬挂的半滴溶液于烧杯中。但要注意,玻璃棒只能接触液滴,不能接触管尖。

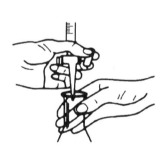

图 3-6　在锥形瓶中滴定的操作姿势

图 3-7　在烧杯中滴定的操作姿势

此外,在滴定时还应注意以下几点:

(1) 最好每次滴定都从 0.00mL 开始,或接近 0 的某一刻度开始,这样可以减少滴定误差。

(2) 滴定时要站立好或坐端正(有时为操作方便也可坐着滴定),眼睛注视溶液滴落点周围颜色的变化。不要去看滴定管内液面刻度变化,而不顾滴定反应的进行。

(3) 滴定过程中,左手不能离开旋塞,而任溶液自流。右手摇瓶时,应微动腕关节,使溶液向同一方向旋转,不能前后振动,以免溶液溅出。摇瓶速度以使溶液旋转出现一旋涡为宜。摇得太慢,会影响化学反应的进行;摇得太快,易致溶液溅出或碰坏滴嘴。

（4）开始滴定时，滴定速度可稍快，呈"见滴成线"状，即每秒 3～4 滴。但不要滴得太快，以致滴成"水线"状。在接近终点时，应一滴一滴加入，即加一滴摇几下，再加，再摇。最后是每加半滴，摇几下锥形瓶，直至溶液出现明显的颜色变化为止。

（5）掌握半滴溶液的加入法。若为用酸式滴定管滴定，可轻轻转动旋塞，使溶液悬挂在滴嘴上，形成半滴，用锥形瓶内壁将其沾落，再用洗瓶吹洗。对于碱式滴定管，加半滴溶液时，应先松开拇指与食指，将悬挂的半滴溶液沾在锥形瓶内壁上，再放开无名指和小指，这样可避免管尖出现气泡。

加入半滴溶液时，也可使锥形瓶倾斜后再沾落液滴，这样液滴可落在锥形瓶的较下处，便于用锥形瓶内的溶液将其涮至瓶中。如此可避免吹洗次数太多，造成被滴定物过度稀释。

3.1.2 容量瓶

容量瓶是一种细颈梨形的平底玻璃瓶（图 3-8），带有磨口玻璃塞或塑料塞。颈上有标度刻线，一般表示在 20℃时当液体充满至标度刻线时液体的准确体积，其容量允差见表 3-2。

表 3-2 常用容量瓶的容量允差（20℃）

标示容量/mL		5	10	25	50	100	200	250	500	1000
容量允差(±)/mL	A 级	0.02	0.02	0.03	0.05	0.10	0.15	0.15	0.25	0.40
	B 级	0.04	0.04	0.06	0.10	0.20	0.30	0.30	0.50	0.80

容量瓶主要用于配制准确浓度的溶液或定量地稀释溶液，其使用方法及注意事项如下：

1. 检查容量瓶

检查容量瓶一是要看瓶塞是否漏水，其次是看标度刻线位置离瓶口是否太近。漏水则无法准确配制溶液；标线离瓶口太近则不便混匀溶液。因此，都不宜使用。

检查瓶塞是否漏水的方法如下：加自来水至标度刻线附近，盖好瓶塞后，左手用食指按住塞子，其余手指拿住瓶颈标线以上部分，右手用指尖托住瓶底边缘，如图 3-9 所示。将瓶倒立 2min，如不漏水，将瓶直立，转动瓶塞 180°后，再倒立 2min 检查，如不漏水，便可使用。

图 3-8 容量瓶

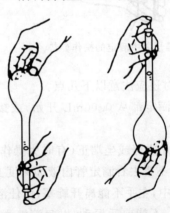

图 3-9 检查漏水和混匀溶液操作

使用容量瓶时,不要将其磨口玻璃塞随便取下放在台面上,以免沾污,可将瓶塞系在瓶颈上。若瓶塞为平头的塑料塞子,可将塞子倒置在台面上。

2. 配制溶液

用容量瓶配制溶液时,最常用的方法是先称出固体试样于小烧杯中,加蒸馏水或其他溶剂将其溶解,然后将溶液定量转入容量瓶中。定量转移溶液时,右手拿玻璃棒,左手拿烧杯,使烧杯嘴紧靠玻璃棒,而玻璃棒则悬空伸入容量瓶口中,棒的下端应靠在瓶颈内壁上,使溶液沿玻璃棒和内壁流入容量瓶中(图 3-10)。待烧杯中的溶液流完后,将玻璃棒和烧杯稍微向上提起,并使烧杯直立,再将玻璃棒放回烧杯中。然后,用洗瓶吹洗玻璃棒和烧杯内壁,再将溶液转入容量瓶中。如此吹洗、转移的操作,一般应重复 3 次以上,以保证定量转移。然后加蒸馏水至容量瓶的 3/4 左右容积时,用右手食指和中指夹住瓶塞的扁头,将容量瓶拿起,

图 3-10 转移溶液的操作

朝同一方向摇动几周,使溶液初步混匀。继续加蒸馏水至距离标度刻线约 1cm 处后,等 1～2min 使附在瓶颈内壁的溶液流下后,再用滴管滴加蒸馏水至弯月面下缘与标度刻线相切(注意,勿使滴管接触溶液)。也可用洗瓶加蒸馏水至刻度。无论溶液有无颜色,均加蒸馏水至弯月面下缘与标度刻线相切为止。加蒸馏水至标度刻线后,盖上干的瓶塞,用左手食指按住塞子,其余手指拿住瓶颈标线以上部分,而用右手的全部指尖托在瓶底边缘(图 3-9),将容量瓶倒转,使气泡上升至顶,同时可使瓶振荡以混匀溶液。再将瓶直立过来,又再将瓶倒转,使气泡上升到顶部,振荡溶液。如此反复 10 次左右。

3. 稀释溶液

用移液管移取一定体积的溶液于容量瓶中,加蒸馏水至标度刻线,然后按上述方法混匀溶液。

4. 不宜长期保存溶液

配好的溶液若需要长期保存,应将其转移至磨口试剂瓶中,不要将容量瓶当作试剂瓶使用。

5. 使用完毕应立即用水洗干净

若长期不用,在洗净擦干磨口后,用纸片将磨口隔开。

此外,容量瓶不能在烘箱中烘烤,也不能在电炉等加热器上直接加热。如需使用干燥的容量瓶,可在洗净后用乙醇等有机溶剂荡洗,然后晾干或用电吹风的冷风吹干。

3.1.3 移液管和吸量管

移液管是中间有一较大空腔的细长玻璃管,管颈上部刻有一标线[图 3-11(a)],在标明的温度下,若使溶液的弯月面与移液管标线相切,再让溶液按一定的方法自由流出,则流出液的体积与管上标明的体积相同。因此,移液管是用于准确量取一定体积溶液的玻璃仪器,

其容量允差见表 3-3。

表 3-3　常用移液管的容量允差（20℃）

标示容量/mL		2	5	10	20	25	50	100
容量允差(±)/mL	A 级	0.010	0.015	0.020	0.030	0.030	0.050	0.080
	B 级	0.020	0.030	0.040	0.060	0.060	0.100	0.160

吸量管是带有分刻度的玻璃管，如图 3-11(b)、(c)、(d)所示。它一般用于量取较小体积的溶液。常用的吸量管有 1mL、2mL、5mL、10mL 等规格，吸量管量取溶液的准确度不如移液管。需要注意的是，有些吸量管的分刻度不是刻到管尖，而是离管尖尚有 1～2cm。

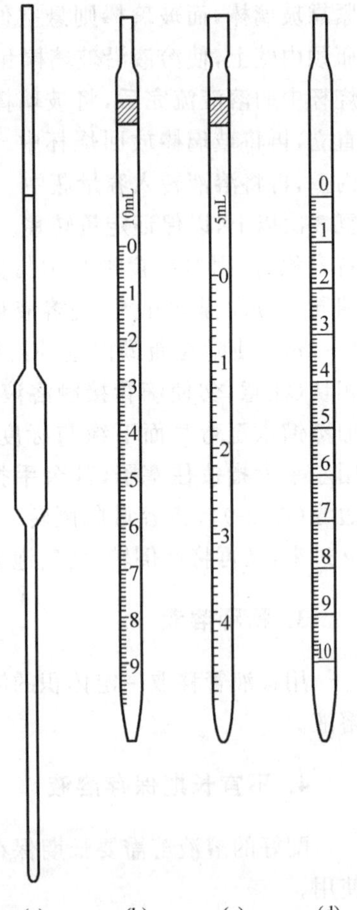

移液管和吸量管的使用方法如下：

1. 润洗

移取溶液前，可用吸水纸将洗干净的移液管或吸量管的管尖端内外的水除去，然后用待吸溶液润洗 3 次。吸取溶液时，用左手拿洗耳球，将食指或拇指放在洗耳球的上方，其余手指自然地握住洗耳球，用右手的拇指和中指拿住移液管或吸量管标线以上部分，无名指和小指辅助拿住移液管，将洗耳球对准移液管口，如图 3-12 所示，再将管尖伸入溶液中吸取，待溶液被吸至管体积的约 1/4 处（注意勿使溶液流回，以免稀释溶液）时，移开，润洗，然后让溶液从尖口放出、弃去，如此反复润洗 3 次。润洗是保证移取的溶液与待吸溶液浓度一致的重要步骤。

2. 移取溶液

移液管经润洗后，可直接插入待吸液液面下 1～2cm 处吸取溶液。注意管尖不要伸入太浅，以免液面下降后造成空吸；也不宜伸入太深，以免移液管外部附有过多的溶液。吸液时，应使管尖随液面下降而下降。当洗耳球慢慢放松时，管中的部分不要伸入太浅，以免液面下降后造成空吸；也不宜伸入太深，以免移液管外部附有过多的溶液。吸液时，应使管尖随液面下降而下降。当洗耳球慢慢放松时，管中的液面徐徐上升，待液面上升至标线以上时，迅速移去洗耳球。与此同时，用右手食指堵住管口，左手改拿盛待吸液的容器。然后，将移液管往上提起，使之离开液面，并使容器倾斜约 30°，让其内壁与移液管尖紧贴，此时右手食指微微松动，使液面缓慢下降，直到视线平视时弯月面与标线相切，这时立即用食指按紧管口。移开待吸液容器，左手改拿接收溶液的容器，并将接收容器倾斜 30°左右，使内壁紧贴移液管尖。接着放松右手食指，使溶液自然地顺壁流下，如图 3-13 所示。待液面下降到

图 3-11　移液管(a)和吸量管(b,c,d)

管尖后,等15s左右,移出移液管。这时管尖部位仍留有少量溶液,对此,除特别注明"吹"字的以外,此管尖部位留存的溶液是不能吹入接收容器中的,因为在工厂生产检定移液管时没有把这部分体积算进去。需要指出的是,由于一些移液管尖部做得不很圆滑,因管尖部位留存溶液的体积可能会因接收容器内壁与管尖接触的位置不同而有所差别。为避免出现这种情况,可在等待的15s过程中,左右旋动移液管,这样管尖部位每次留存的溶液体积就会基本相同。

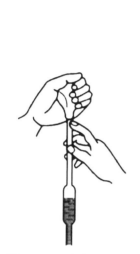

图 3-12 吸取溶液的操作

图 3-13 放出溶液的操作

用吸量管移取溶液的操作与用移液管移取基本相同。对于标有"吹"字的吸量管,在放出溶液时,应将存留管尖部位的溶液吹入接收容器内。有些吸量管的刻度离管尖尚有1~2cm,放出溶液时也应注意。实验中,要尽量使用同一支吸量管,以免带来误差。

3.2 沉淀重量分析法的操作与仪器

重量分析法是指通过称量经适当方法处理所得的与待测组分含量相关的物质的质量来求得物质含量的方法。沉淀重量分析法是利用沉淀反应使待测组分先转变成沉淀,再转化成一定的称量形式的称量分析法。它的分析过程因沉淀类型及性质不同而异,对于晶型沉淀(如$BaSO_4$)的重量分析,一般分析过程如下:

试样溶解 → 沉淀 → 陈化 → 过滤和洗涤 → 烘干 → 炭化 → 灰化 → 灼烧至恒重 → 结果计算

可见,它的操作与滴定分析法相比有较大区别,下面稍作介绍。

3.2.1 试样溶解

溶解方法主要有两种:一种是用蒸馏水或酸等溶解;另一种是高温熔融后再用溶液

溶解。

3.2.2 沉淀

通过加入沉淀试剂使待测组分沉淀下来。为了得到较纯净、较易过滤的沉淀，操作时应遵循一定的原则。例如，对于晶形沉淀，沉淀操作时应使沉淀溶液适当稀；应将溶液加热；应缓慢加入沉淀试剂，且要一边加一边用玻璃棒不断搅拌。

3.2.3 陈化

沉淀完全后，盖上表面皿，放置过夜或在水浴上保温 1h 左右。陈化的目的是使小晶体长成大晶体，不完整的晶体转变成完整的晶体，同时减少共沉淀杂质。

3.2.4 过滤和洗涤

重量分析法使用定量滤纸过滤，每张滤纸的灰分质量为 0.08mg 左右，可以忽略。过滤 $BaSO_4$ 可采用慢速或中速滤纸。

过滤用的玻璃漏斗锥体角度应为 60°，颈的直径不能太大，一般应为 3~5mm，颈长为 15~20cm，颈口处磨呈 45°，如图 3-14 所示。漏斗的大小应与滤纸的大小相适应。应使折叠后的滤纸上缘低于漏斗上沿 0.5~1cm，绝不能超出漏斗边缘。

滤纸一般按四折法折叠，即先将滤纸整齐地对折，然后再对折，这时不要把两角按压对齐，如图 3-15(a)所示。将其打开后成为顶角稍大于 60°的圆锥体，如图 3-15(b)所示。然后将滤纸放入洁净且干燥的漏斗中，如果滤纸与漏斗不十分密合，可以稍稍改变滤纸折叠的角度，直到与漏斗密合为止。再用手按压滤纸，将第二次的折边折严，这样所得圆锥体的半边为三层，另半边为一层。然后取出滤纸，将三层厚的紧贴漏斗的外层撕下一角，保存于干燥的表面皿上备用。注意在折叠滤纸前，应先将手洗干净、擦干，以免弄脏滤纸。

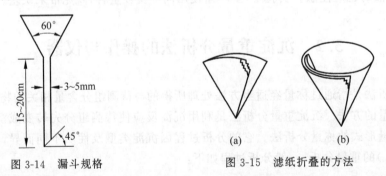

图 3-14　漏斗规格　　　　图 3-15　滤纸折叠的方法

将折叠好的滤纸放入漏斗中，三层的一边应放在漏斗出口短的一边。用食指按紧三层的一边，用洗瓶吹入少量蒸馏水将滤纸润湿，然后，轻按滤纸边缘，使滤纸与漏斗间密合(注意三层与一层之间处也应与漏斗密合)。再用洗瓶加蒸馏水至滤纸边缘，此时漏斗颈内应充满蒸馏水，当漏斗中的蒸馏水流完后，颈内仍保留着水柱，且无气泡。若漏斗颈内不形成完整的水柱，可以用手堵住漏斗下口，稍掀起滤纸三层的一边，用洗瓶向滤纸与漏斗间的空隙里加蒸馏水，直到漏斗颈和锥体的大部分被蒸馏水充满，然后按紧滤纸边，放开堵住出口的手指,此时水柱应可形成。最后再用蒸馏水冲洗一次滤纸,然后将漏斗放在漏斗架上,下面放一洁净的烧杯接滤液,并使漏斗出口长的一边紧靠杯壁。过滤前漏斗和烧杯上均应盖好表面皿。

过滤一般分三步进行。首先采用倾泻法过滤上清液,如图 3-16 所示;其次是洗涤沉淀并将沉淀转移到漏斗内;最后就是清洗烧杯和洗涤漏斗内的沉淀。过滤时应随时检查滤液是否透明,如不透明,说明有穿滤。这时必须换另一洁净烧杯接滤液,在原漏斗上将穿滤的滤液进行第二次过滤。如发现滤纸穿孔,则应更换滤纸重新过滤,而第一次用过的滤纸应保留。

采用倾泻法是为了避免沉淀堵塞滤纸上的空隙,影响过滤速度。等烧杯中的沉淀沉下以后,借助玻璃棒将清液倒入漏斗中。玻璃棒的下端应对着滤纸三层厚的一边,并尽可能接近滤纸,但不要触及滤纸。倒入溶液的体积一般不要超过滤纸圆锥体的 2/3,或液面离滤纸上边缘不少于 5mm,以免少量沉淀因毛细管作用越过滤纸上缘,造成损失。此外,沉淀离滤纸边缘太近也不便洗涤。若一次倾泻不能将清液转移完,应待烧杯中的沉淀沉下后再次倾泻。

暂停倾泻溶液时,烧杯嘴应沿玻璃棒向上滑动,使烧杯逐渐恢复正放状态,以免烧杯嘴上的液滴流失。盛有沉淀和溶液的烧杯应按如图 3-17 所示方法放置,以利沉淀和清液分开,便于转移清液。同时玻璃棒不要靠在烧杯嘴上,以免烧杯嘴上的沉淀沾在玻璃棒上部。

图 3-16 倾泻法过滤

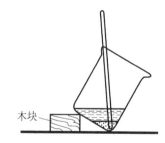

图 3-17 过滤时盛沉淀和溶液的烧杯的放置方法

将清液转移完后,应对沉淀进行初步洗涤。洗涤时,每次用约 10mL 洗涤液吹洗烧杯内壁,使黏附着的沉淀集中到杯底部,每次洗涤完后,用倾泻法过滤溶液,如此反复洗涤 3~4 次。然后再加少量洗涤液于烧杯中,搅动沉淀使之混匀,立即将沉淀和洗涤液一起通过玻璃棒转移至漏斗内。再加少量洗涤液于杯中,搅拌混匀后再转移至漏斗里,如此重复几次,使沉淀基本都被转移至漏斗中,再按如图 3-18 所示的方法将残留的沉淀吹洗至漏斗中,即用左手拿起烧杯,使烧杯嘴向着漏斗,右手把玻璃棒从烧杯中取出平放在烧杯口上,并使玻璃棒伸出烧杯嘴 2~3cm。然后用左手食指按住玻璃棒的较高部位,倾斜烧杯使玻璃棒下端指向滤纸三层一边,用右手拿洗瓶吹洗整个烧杯内壁,使洗涤液和沉淀沿玻璃棒流入漏斗中。

如果仍有少量沉淀牢牢地黏附在烧杯壁上吹洗不下来时,可将烧杯放在桌上,用沉淀帚(它是一头带橡胶的玻璃棒)在烧杯内壁自上而下、自左至右擦拭,使沉淀集中在底部,再将沉淀吹洗入漏斗里。对牢固黏附的沉淀,也可用前面折叠滤纸时撕下的滤纸角擦拭玻璃棒和烧杯内壁,并将此滤纸角放在漏斗的沉淀上。处理完毕,还应在明亮处仔细检查烧杯,看是否吹洗、擦拭干净,玻璃棒、表面皿和沉淀帚也需认真检查。

沉淀全部转移到滤纸上后,应对它进行洗涤。其目的是将沉淀表面吸附杂质和残留的母液除去。洗涤方法如图 3-19 所示,从滤纸的多重边缘开始用洗瓶轻轻吹洗,并螺旋形地往下移动,最后到多重部分停止,即所谓的"从缝到缝"。这样,便于沉淀洗干净,还能使沉淀集中到漏斗的底部。洗涤沉淀时要遵循"少量多次"的原则,即每次洗涤用的洗涤剂的量要少,滤干后再行洗涤。一般情况下,如此反复洗涤 3~5 次。

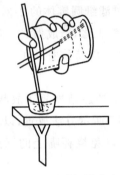
图 3-18　吹洗沉淀的方法

图 3-19　沉淀的洗涤

3.2.5　烘干

滤纸和沉淀通常用煤气灯或电炉烘干。过滤完后用扁头玻璃棒将滤纸边挑起,向中间折叠,将沉淀盖住,如图 3-20 所示,再用玻璃棒轻轻转动滤纸包,以便擦净漏斗内壁可能沾有的沉淀。然后,将滤纸包转移至已恒重的坩埚中,再将它倾斜放置在煤气灯架上或电炉上,让多层滤纸部分朝上,以利烘烤。坩埚的外壁和盖上事先用蓝黑墨水或 $K_4[Fe(CN)_6]$ 溶液编号。烘干时,坩埚盖不要盖严,如图 3-21 所示,以便水汽逸出。

图 3-20　沉淀的包裹

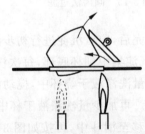
图 3-21　沉淀和滤纸在坩埚中烘干(右)
　　　　炭化和灰化(左)的火焰位置

3.2.6 炭化和灰化

炭化是将烘干后的滤纸烤成炭黑状,灰化是将呈炭黑状的滤纸灼烧成灰。炭化和灰化时煤气灯的火焰应移至坩埚底部,如图 3-21 所示。若为用电炉加热,则只好让坩埚处同一状态受热(倾斜或正放)。对应烘干、炭化、灰化,逐渐增大火焰,一步一步完成,不要性急。炭化时如遇滤纸着火,可立即用坩埚盖盖住,使坩埚内的火焰熄灭(切不可用嘴吹灭),以避免沉淀随气流飞散而损失掉。待火熄灭后,将坩埚盖转移至原来位置,继续加热至全部炭化直至灰化。

3.2.7 灼烧至恒重

灰化后,将坩埚移入高温炉中(根据沉淀性质调节适当温度),盖上坩埚盖,但仍须留有空隙。在与灼烧空坩埚时相同的温度下,灼烧 40~45min,取出,冷至室温,称量。然后进行第二次、第三次灼烧,直至相邻两次灼烧后的称量值差别不大于 0.4mg,即为恒重。一般第二次以后每次灼烧 20min 即可。空坩埚的恒重方法与此相同。坩埚与沉淀的恒重质量与空坩埚的恒重质量之差,即为被称物(如 $BaSO_4$)的质量。据此可计算出被测组分的含量。

现在,生产单位常用一次灼烧法,即先称恒重后沉淀与坩埚的总质量,然后,用毛笔刷去被称物(如 $BaSO_4$),再称出空坩埚的质量,两者之差即为被称物的质量。

当从高温炉中取出坩埚时,先将坩埚移至炉口,至红热稍退后,再将坩埚从炉中取出放在洁净瓷板上。在夹取坩埚时,坩埚钳应预热。待坩埚冷至红热退去后,将坩埚转至干燥器中,一般应放在瓷板圆孔上,再盖好盖子。注意随后应开启干燥器盖 1~2 次,排出热气。置干燥器内冷却,原则上应冷却至室温,这样一般约需 30min。为减少可能存在的误差,每次灼烧、称量和放置的时间,都应保持一致。

使用干燥器时,首先将干燥器擦干净,烘干多孔瓷板,再将干燥剂通过一纸筒装入干燥器的底部,以避免干燥剂沾污内壁的上部。然后盖上瓷板,再在干燥器的磨口上涂上一层薄而均匀的凡士林,盖上干燥器盖。

干燥器一般采用变色硅胶、无水氯化钙等作干燥剂,由于各种干燥剂吸收水分的能力都有一定限度,因此干燥器中并不是绝对干燥的,只是湿度相对较低而已。所以,若在干燥器中放置的时间过长,则灼烧和干燥后的坩埚和沉淀可能会因吸收少量水分而变重,这点则须引起注意。

打开干燥器时,左手按住干燥器的下部,右手按住盖子上的圆顶,向左前方推开器盖,如图 3-22 所示。盖子取下后用右手拿着或倒放在桌子安全的地方(注意磨口向上),用左手放入(或取出)坩埚等,并及时盖上干燥器盖。加盖时,手拿住盖上圆把,推着盖好。搬动干燥器时,应该用两手的拇指同时按住盖,防止滑落打破,如图 3-23 所示。

图 3-22 打开干燥器的方法

图 3-23 搬动干燥器的操作

至于非晶形沉淀,其性质与晶形沉淀有所区别,相应的重量分析过程也与晶形沉淀有所不同,可在查阅有关分析方法后进行。

用有机试剂沉淀的重量分析法(如镍的丁二酮肟沉淀法)的过程一般为:

试样溶解 → 沉淀 → 陈化 → 过滤和洗涤 → 烘干至恒重 → 结果计算

显然,这与晶形沉淀重量分析法的大致相同,但一般不需灼烧。灼烧反而会使换算因子增大,不利于测定。此外,沉淀过滤采用砂芯坩埚或漏斗,如图 3-24 和图 3-25 所示。这种过滤器的滤板是由玻璃粉末在高温熔结而成。按照微孔的孔径,大小分为 6 级,G1~G6(或称 1~6 号,如表 3-4 所示)。1 号的孔径最大,6 号的孔径最小。在定量分析中,一般采用 G3~G5 规格(相当于慢速滤纸)过滤细晶形沉淀。使用此类滤器时,需用减压过滤,如图 3-26 所示。凡是烘干后即可称量或热稳定性差的沉淀(如 AgCl),均应采用砂芯漏斗(或坩埚)过滤。但需要注意的是,不能用此类滤器过滤强碱性溶液,以免损坏坩埚或漏斗的微孔结构。

表 3-4 砂芯漏斗(坩埚)的规格和用途

滤板编号	孔径/μm	用途	滤板编号	孔径/μm	用途
G1	20~30	滤除大沉积物及胶状沉淀物	G4	3~4	滤除液体中细的沉淀物或极细沉淀物
G2	10~15	滤除大沉积物及气体洗涤	G5	1.5~2.5	滤除较大杆菌及酵母
G3	4.5~9	滤除细沉淀及水银过滤	G6	1.5 以下	滤除 1.4~0.6μm 的病菌

图 3-24 砂芯漏斗

图 3-25 砂芯坩埚

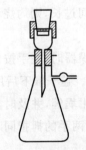
图 3-26 抽滤装置

新的滤器使用前应以热浓盐酸或铬酸洗液边抽滤边清洗,再用蒸馏水洗净。使用后的砂芯玻璃滤器,针对不同沉淀物采用适当的洗涤剂洗涤。首先用洗涤剂、水反复抽洗或浸泡玻璃滤器,再用蒸馏水冲洗干净,在110℃条件下烘干,保存在无尘的柜或有盖的容器中备用。表3-5列出洗涤砂芯玻璃滤器的常用洗涤液,可供选用。

表 3-5 洗涤砂芯玻璃滤器的常用洗涤剂

沉淀物	洗涤液
AgCl	(1+1)氨水或 10% $Na_2S_2O_3$ 溶液
$BaSO_4$	100℃浓硫酸或 EDTA-NH_3 溶液(3%EDTA 二钠盐 500mL 与浓氨水 100mL 混合),加热洗涤
氧化铜	热 $KClO_4$ 或 HCl 混合液
有机物	铬酸洗液

3.3 酸 度 计

3.3.1 酸度计简介

酸度计亦称 pH 计或离子计,是一种用来准确测定溶液中某离子活度的仪器。它主要由电极和电位差测量部分组成。当采用氢离子选择电极时可测定溶液的 pH,若采用其他的离子选择电极,则可以测量溶液中某相应离子的浓度(实为活度)。氢离子选择电极一般为玻璃电极(图 3-27),其下端是一玻璃泡,球泡内装有一定 pH 的内标准缓冲溶液,电极内还有一个 Ag/AgCl 内参比电极,使用前须浸泡在酸或酸碱缓冲溶液中活化 24h 以上。玻璃电极的电极电位随溶液 pH 的变化而改变。测试时将玻璃电极与一外参比电极组成两电极系统,浸入待测溶液中,再测量两电极间的电位差。

图 3-27 玻璃电极
1. 玻璃薄膜;2. 玻璃外壳;3. Ag/AgCl 参比电极;4. 含 Cl^- 的缓冲溶液(一般为 0.1mol·L^{-1}HCl)

目前广泛使用的测 pH 的复合电极是由玻璃电极与 Ag/AgCl 外参比电极组合而来,它结构紧凑,比两支分离的电极用起来更方便,也不容易破碎(图 3-28)。复合 pH 电极在第一次使用或在长期停用后再次使用前应在 3mol·L^{-1}KCl 溶液中浸泡 24h 以上,使其活化。平时可浸泡在 3mol·L^{-1}KCl 溶液中保存。

参比电极一般为饱和甘汞电极(图 3-29)或 Ag/AgCl 电极,它们的电极电位不随溶液 pH 的变化而改变。因此,测得的两电极间的电位差(E)与溶液 pH 有关。根据能斯特公式可知

$$E = K' + (273+T)0.059\text{pH}/298$$

式中:K'为常数,可通过用 pH 标准溶液对酸度计进行校正将其抵消掉;T 为被测溶液的温度(℃),可通过温度补偿使其与实际温度一致。

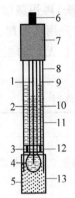
图 3-28 复合 pH 电极

1. Ag/AgCl 内参比电极；2. 0.1mol·L^{-1} HCl 溶液；3. 密封胶；
4. 玻璃薄膜；5. 保护套；6. 导线；7. 密封塑料；8. 加液孔；
9. Ag/AgCl 外参比电极；10. KCl 溶液；11. 聚碳酸酯外壳；
12. 微孔陶瓷；13. KCl 溶液

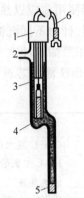
图 3-29 饱和甘汞电极

1. 绝缘帽；2. 加液口；
3. 内电极(Pt|Hg$_2$Cl$_2$,Hg)；
4. 饱和 KCl 溶液；5. 多孔性物质；6. 导线

用于校正酸度计的 pH 标准溶液一般为 pH 缓冲溶液。我国目前使用的几种 pH 标准缓冲溶液在不同温度下的 pH 如表 3-6 所示。常用的几种 pH 标准缓冲溶液的组成和配制方法见表 3-7。

表 3-6 不同温度下标准缓冲溶液的 pH

T/℃	0.05mol·L^{-1} 草酸三氢钾	饱和酒石酸氢钾	0.05mol·L^{-1} 邻苯二甲酸氢钾	0.025mol·L^{-1} 磷酸二氢钾和磷酸氢二钠	0.01mol·L^{-1} 硼砂
0	1.67	—	4.01	6.98	9.40
5	1.67	—	4.01	6.95	9.39
10	1.67	—	4.00	6.92	9.33
15	1.67	—	4.00	6.90	9.27
20	1.68	—		6.88	9.22
25	1.69	3.56	4.01	6.86	9.18
30	1.69	3.55	4.01	6.84	9.14
35	1.69	3.55	4.02	6.84	9.10
40	1.70	3.54	4.03	6.84	9.07
45	1.70	3.55	4.04	3.83	9.04
50	1.71	3.55	4.06	6.83	9.01
55	1.72	3.56	4.08	6.84	8.99
60	1.73	3.57	4.10	6.84	8.96

表 3-7 标准缓冲溶液的配制方法

试剂名称	化学式	浓度/(mol·L^{-1})	试剂的干燥与预处理	缓冲溶液的配制方法
草酸三氢钾	KH$_3$(C$_2$O$_4$)$_2$·2H$_2$O	0.05	(57±2)℃下干燥至恒重	12.7096g KH$_3$(C$_2$O$_4$)$_2$·2H$_2$O 溶于适量蒸馏水,定量稀释至 1L

续表

试剂名称	化学式	浓度/$(mol \cdot L^{-1})$	试剂的干燥与预处理	缓冲溶液的配制方法
酒石酸氢钾	$KHC_4H_4O_6$	饱和	不必预先干燥	$KHC_4H_4O_6$ 溶于(25 ± 3)℃蒸馏水中直至饱和
邻苯二甲酸氢钾	$KHC_8H_4O_4$	0.05	(110 ± 5)℃下干燥至恒重	10.2112g $KHC_8H_4O_4$ 溶于适量蒸馏水中,定量稀释至1L
磷酸二氢钾和磷酸氢二钠	KH_2PO_4 和 Na_2HPO_4	0.025	KH_2PO_4 在(110 ± 5)℃下干燥至恒重 Na_2HPO_4在(120 ± 5)℃下干燥至恒重	3.4021g KH_2PO_4 和 3.5490g Na_2HPO_4 溶于适量蒸馏水,定量稀释至1L
硼砂	$Na_2B_4O_7 \cdot 10H_2O$	0.01	$Na_2B_4O_7 \cdot 10H_2O$ 放在含有NaCl和蔗糖饱和液的干燥器中	3.8137g $Na_2B_4O_7 \cdot 10H_2O$ 溶于适量除去CO_2的蒸馏水中,定量稀释至1L

标准缓冲溶液应保存在盖紧的玻璃瓶或塑料瓶中,以免受空气中的CO_2或溶剂挥发的影响。标准缓冲溶液一般在几周内可保持pH稳定不变。在校正时,应先用蒸馏水冲洗电极,并用滤纸轻轻吸干,以免沾污标准缓冲溶液及影响电极的响应速率(复合电极里面容易夹带水)。为了减少测量误差,应选用与待测的pH相近的pH标准缓冲溶液来校正酸度计。

3.3.2 pHS-3C型酸度计

酸度计型号较多,目前实验室广泛使用的有pHS-2型、pHS-3B型、pHS-3C型和梅特勒320-SpH计等。它们的结构、功能和使用方法大同小异。下面简单介绍pHS-3C型酸度计的使用方法。

pHS-3C型酸度计是一种精密数字显示pH计,其稳定性较好,操作较简便。图3-30所示为该酸度计的面板结构。

测量溶液pH时的操作步骤如下:

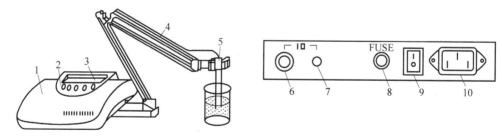

图3-30 pHS-3C型酸度计示意图(左:仪器外形结构,右:仪器后面板)
1. 机箱;2. 键盘(从左到右分别为:确认、温度、斜率、定位、pH/mV键);3. 显示屏;4. 多功能电极架;5. 电极;6. 测量电极插座;7. 参比电极插口;8. 保险丝;9. 电源开关;10. 电源插座

(1)安装电极架和电极。将多功能电极架插入电极架插座中,把pH复合电极安装在电极架另一端,拔下电极下端的电极保护套,并且拉下电极上端的橡胶套使其露出上端校

孔,再用蒸馏水清洗电极,用滤纸吸干电极底部的水。

（2）开机。将电源线插入电源插座,按下电源开关。电源接通后,预热 30min,接下来进行校正。

（3）校正。按"pH/mV"键使 pH 指示灯亮,即进入 pH 测量状态;按"温度"键设定溶液温度,再按"确认"。将清洗过的电极插入 pH＝6.86 标准缓冲溶液中,待读数稳定后,按"定位",使仪器显示读数与该缓冲溶液在此温度下的 pH 一致,然后按"确认"。用蒸馏水清洗电极,并用滤纸吸干存留在电极下端的水,再将其插入 pH 为 4.00 或 9.18 的标准缓冲溶液中,待读数稳定后,按"斜率"使仪器显示读数为该缓冲溶液在此温度下的 pH,然后按"确认"。仪器的校正到此完成,可进行 pH 的测量。需要注意的是,校正好后仪器的"定位"及"斜率"不应再按。若不小心触动了这些键,则不要按"确认",而是按"pH/mV"键使仪器重新进入 pH 测量,这样就不需要再进行校正。一般情况下,每天校正一次即可。

（4）测量溶液的 pH。用蒸馏水清洗电极,用滤纸吸干(也可用待测溶液洗一次),将电极浸入被测溶液中,摇动烧杯,使溶液均匀,然后让溶液静置,待读数稳定后读出溶液的 pH。若被测溶液与用于校正的溶液的温度不同,则先按"温度"使仪器显示被测溶液的温度,再按"确认",再进行 pH 测量。

（5）还原仪器。测定完毕,关闭电源,洗净电极并套上电极保护套(内盛 3mol·L^{-1}KCl 溶液),盖上防尘罩,并进行仪器使用情况登记。

3.4 分光光度计

3.4.1 分光光度计简介

分光光度计分为可见光分光光度计、紫外-可见分光光度计、红外分光光度计等几类,有时也称之为分光光度仪或光谱仪。

可见光分光光度计用于物质对可见光区(波长范围为 200～800nm)的电磁辐射的吸收进行分析测定的一种方法,较常用的有 721 型、721E 型、721B 型和 722E 型。

721E 型分光光度计是根据朗伯-比耳定律设计的分析仪器。它的结构大致可分为五部分：光源、单色光器、比色皿暗箱、光电转换部分和读数电表(图 3-31),另外还有变压器、稳压装置等。

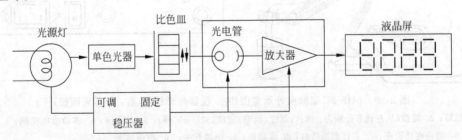

图 3-31　721E 型分光光度计的基本结构

721E 型分光光度计采用自准式光路,单光束的光学系统(参见教材),采用寿命较长的钨丝白炽灯作光源,钨丝灯泡的电源由稳压器供给。能发射出稳定的白光,白光进入光学系统后经单色器中棱镜组,分解成单色光,经狭缝进入比色皿暗箱,比色皿中的有色物质溶液对该单色光产生了吸收和透射作用,透射过的光进入光电转换器,由光电管把光信号转换成电信号后,经放大器放大显示于显示屏上。

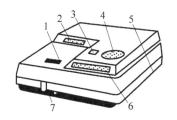
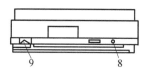

图 3-32　721E 型分光光度计外形图

1. 试样室门；2. 显示屏；3. 波长显示窗；4. 波长调节旋钮；5. 仪器电源开关；6. 仪器操作键盘；7. 试样池拉手；8. 输出端口；9. 电源插座

3.4.2　721E 型分光光度计的使用方法

1. 样品测试前的准备

(1) 仪器应放在稳定的工作台上,室内干燥无腐蚀性气体,照明不宜太强,以利于读数。

(2) 接通电源,让仪器预热至少 20min,使仪器进入热稳定工作状态。有时仪器因运输,存储环境因素而受潮产生如读数波动等不稳定现象,此时,请保持仪器周围良好的通风环境,并连续开机数小时,直到读数稳定为止。开机前,先确认仪器样品室内是否有东西挡在光路上。光路上有东西将影响仪器自检甚至造成仪器故障。

(3) 用"波长设置"旋钮将波长设置在将要使用的分析波长位置上,每当波长被重新设置后,请不要忘记调整 100%T。

(4) 打开样品室盖,将挡光体插入比色皿架,并将其推或拉入光路。

(5) 并盖好样品室盖,按"0%T"键调透射比零(在 T 方式下)。仪器在不改变波长的情况下,一般无须再次调透射比零。仪器长时间使用过程中,有时 0%T 可能会产生漂移,调整 0%T 可提高测试数据的准确度。

(6) 取出挡光体,盖好样品室盖,按"100%T"键调 100%T 透射比。(721E 型分光光度计采用了独特的电子调零方式,通常情况下,只要开机预热后调一次透射比零,此后,只要仪器不关机,一般可无须重复调透射比零)。

2. 测定透射比

(1) 按"方式键"(MODE)将测试方式设置为透射比方式,此时显示器显示"×××.×"。

(2) 用"波长设置"按钮设置需要的分析波长,如 340nm。每当波长被重新设置后,请不要忘记调整 100%T。

(3) 将参比溶液和被测溶液分别倒入比色皿中。比色皿内的溶液面高度不应低于 25mm(大约 2.5mL),否则,会影响测试数据的准确度。被测试的样品中不能有气泡和漂浮物,否则,会影响测试参数的精确度。

(4) 打开样品室盖,将盛有溶液的比色皿分别插入比色皿槽中,盖上样品室盖。一般情况下,参比样品放在样品架的第一个槽位中。仪器所附的比色皿,其透射率是经过测试匹配的,未经匹配处理的比色皿将影响样品的测试精度。比色皿的透光部分表面不能有指印溶液痕迹。否则,将影响样品的测试精度。

(5) 将参比溶液推入光路中,按"100%T"键调整100%T。仪器在自动调整100%T的过程中,显示器显示"BLA",当100%T调整完成后,显示器显示"100%T"。

(6) 将被测溶液推或拉入光路中,此时,显示器上所显示是被测样品的透射比参数。

3. 测定吸光度

(1) 按"方式键"(MODE)将测试方式设置为吸光度方式,此时显示器显示"×××.×"。

(2) 用"波长设置"按钮设置需要的分析波长,如340nm。每当波长被重新设置后,请不要忘记调整0Abs。

(3) 将参比溶液和被测溶液分别倒入比色皿中。比色皿内的溶液面高度不应低于25mm(大约2.5mL),否则,会影响测试数据的准确度。被测试的样品中不能有气泡和漂浮物,否则,会影响测试参数的精确度。

(4) 打开样品室盖,将盛有溶液的比色皿分别插入比色皿槽中,盖上样品室盖。一般情况下,参比样品放在样品架的第一个槽位中。仪器所附的比色皿,其透射率是经过测试匹配的,未经匹配处理的比色皿将影响样品的测试精度。比色皿的透光部分表面不能有指印溶液痕迹。否则,将影响样品的测试精度。

(5) 将参比溶液推入光路中,按"100%T"键调整0Abs。仪器在自动调整100%T的过程中,显示器显示"BLA",当100%T调整完成后,显示器显示"0.000"。

(6) 将被测溶液推或拉入光路中,显示器上所显示是被测样品的吸光度参数。

3.4.3 仪器的维护

(1) 为确保仪器稳定工作,电压波动较大的地方,最好能外加一个稳压电源(磁饱和式或电子稳压式)。

(2) 仪器要接地良好。

(3) 仪器底部有两只干燥剂筒,应保持其干燥性,定期检查,发现干燥剂变色立即换新的或加以烘干再用。

(4) 比色皿暗箱内,放有两包硅胶,也应定期烘干。

(5) 当仪器停止工作时,必须切断电源,开关放在"关"。

(6) 为了避免仪器积灰和沾污,在停止工作时间内,用塑料套子罩住整个仪器,在套子内应放数袋防潮硅胶。

(7) 仪器工作几个月或搬动后,要检查波长精确性。

(8) 开关比色皿暗箱上盖一定要轻,以免损坏光门开关。

(9) 应避免试液或水溅落在仪器上,比色皿外表面的水珠,应该用镜头纸或真丝绸布拭干后再放到比色皿座架上,以免仪器受潮。

3.4.4 比色皿使用注意事项

(1) 玻璃比色皿要配对使用,因为相同规格的比色皿仍有或多或少的差异,致使光通过比色溶液时,吸收光的情况有所不同。

(2) 注意保护比色皿的透光面,拿取时手指应捏住其毛玻璃的两面,以免沾污或磨损透光面。

(3) 在已配对的比色皿上,在毛玻璃面上作好标记,使其中一只专置参比溶液,另一只专置试液,同时应注意比色皿放入比色皿座架时应有固定朝向。

(4) 在取出比色皿和放入比色皿时一定先把比色皿坐架上的定位夹掰开,以免划伤比色皿透光面。

(5) 如果试液是易挥发的有机溶剂,则应加盖后,再放入比色皿座架上。

(6) 在倒入溶液前,应先用少量该溶液润洗内壁三次,测定时倒入量不可过多以比色皿高度的 4/5 为宜。

(7) 每次使用完毕后,应用水冲洗干净,再用蒸馏水仔细淋洗,并以吸水性好的软纸吸干水珠,放回比色皿盒内。

(8) 比色皿要保持清洁,每次用完要洗净,若不易清洗,可用盐酸(1∶1)或适当有机溶剂浸泡,再用水冲洗,最后用蒸馏水淋洗三次,不能用强碱或强氧化剂浸洗。

3.5 电子分析天平

3.5.1 电子分析天平原理

电子分析天平是利用电磁力平衡原理实现称量的一类仪器。其原理可简述为:在磁场中放置通电线圈,若磁场强度保持不变,线圈产生的磁力大小与线圈中的电流大小成正比,如图 3-33 所示。称物时,物体产生向下的重力,线圈产生向上的电磁力,为维持两者的平衡,反馈电路系统会很快调整好线圈中的电流大小。达到平衡时,线圈中的电流大小与物体的质量成正比。通过校正及 A/D 转换等,即可显示物体的质量。天平在使用的过程中会受到所处环境温度、气流、振动、电磁干扰等因素影响,因此应尽量避免或减少在这些环境下使用。

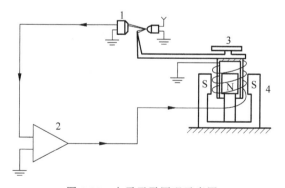

图 3-33 电子天平原理示意图
1. 位置扫描器;2. 反馈电路系统;3. 秤盘;4. 磁场与线圈

电子分析天平按照计量精度可分为超微量、微量、半微量、常量以及精密电子天平等,可根据分析测试的实际准确度要求进行选择。其中常量电子天平,又称万分之一天平,最大称重量一般在 100～200g 之间,实际分度值为 0.1mg,是日常分析中最常使用的天平。

3.5.2 称量方法

根据不同的称量对象和实验要求,需采用相应的称量方法和操作步骤。以下介绍几种常用的称量方法。

1. 直接称量法

此法用于称量某物体的质量,如称量小烧杯的质量、坩埚的质量等。这种称量方法适于称量洁净干燥、不易潮解或升华的固体试样。

2. 固定质量称量法

也称增量法,有于称量固定质量的某试剂(如基准物质)或试样。这种称量的速度较慢,只适于称量不易吸潮、在空气中能稳定存在的试样,且试样应为粉末状或小颗粒状(最小颗粒应小于 0.1mg),以便调节其质量。固定质量称量方法如图 3-34 所示,将一洁净的表面皿(或小烧杯)置天平的托盘上称出其质量,然后慢慢加试样至所加量与所需量相同。称量时,若加入的试剂量超过了指定质量,则应重新称量。从试剂瓶中取出的试剂一般不应放回原试剂瓶中,以免沾污原试剂。操作时不能将试剂散落于表面皿(或小烧杯)以外的地方,称好的试剂必须定量地直接转入接收器中。

3. 递减称量法

此法用于称量质量在一定范围内的试样或试剂。易吸水、易氧化或易与 CO_2 反应的试样,可用此法称量。需平行多次称取某试剂时,也常用此方法。由于称取试样的质量是由两次称量之差求得,故也称差减法。

用此法称量时,先借助纸片从干燥器(或烘箱)中取出称量瓶(注意:不要让手指接触称量瓶和瓶盖,称量瓶应处室温),如图 3-35 所示,用小纸片夹住称量瓶盖柄,打开瓶盖,用药匙加入适量试样,盖上瓶盖。将称量瓶置于秤盘上,关好天平门,称出称量瓶及试样的准确质量(也可按清零键,使其显示 0.000g)。再将称量瓶取出,在接收容器的上方,倾斜瓶身,用称量瓶盖轻敲瓶口上部使试样慢慢落入容器中,如图 3-36 所示。当敲落的试样接近所需量时(一般称第 2 份时可根据第 1 份的体积估计),一边继续用瓶盖轻敲瓶口,一边逐渐将瓶身竖直,使黏附在瓶口上的试样落下,然后盖好瓶盖,把称量瓶放回天平秤盘,准确称出其质量。两次质量之差,即为试样的质量(若先清了零,则显示值即为试样质量)。若一次差减出的试样量未达到要求的质量范围,可重复相同的操作,直至合乎要求。按此方法连续递减,可称取多份试样。

图 3-34 固定质量称量操作

图 3-35 称量瓶使用法

图 3-36 从称量瓶中敲出试样的操作

3.5.3 使用天平的注意事项

（1）开、关天平，放、取被称物，开、关天平门等，都要轻、缓，切不可用力按压、冲击天平称盘，以免损坏天平。

（2）清零和读取称量读数时，要留意天平门是否已关好。称量读数要立即记录在实验报告本中。

（3）对于热的或过冷的被称物，应置于干燥器中直至其温度同天平室温度一致后才能进行称量。

（4）在天平防尘罩内放置变色硅胶干燥剂，当变色硅胶失效后应及时更换。注意保持天平、天平台和天平室的整洁和干燥。

（5）如果发现天平不正常，应及时向教师或实验工作人员报告，不要自行处理。称完后，应及时使天平还原，并在天平使用登记本上登记。

第4章 定量分析基本操作实验

实验1 电子分析天平的操作与称量练习

一、实验目的

(1) 了解电子分析天平的构造和使用规则。
(2) 学会正确的称量方法并初步掌握减量法的称样。
(3) 了解在称量中如何运用有效数字。

二、实验原理

电子天平的称量原理参见本书 3.5 节有关部分。

三、仪器和试剂

仪器：电子分析天平；称量纸；试剂瓶；称量瓶；药匙；小烧杯。
试剂：将预先干燥好的邻苯二甲酸氢钾装入试剂瓶，以供称量练习使用。

四、实验步骤

取一只装有试样的称量瓶，在分析天平上准确称量质量，记下质量为 $m_1(g)$。然后从天平中取出称量瓶，将试样慢慢倾入小烧杯中。倾样时，使用称量瓶盖轻轻地磕称量瓶上部外壁使试样倒入烧杯中，倾倒完毕时，用称量瓶盖轻轻地磕称量瓶上部内壁使试样回到称量瓶中。再次称量它的质量为 $m_2(g)$。$m_1-m_2=\Delta m$ 即为烧杯中所取试样的质量。此称量方法叫作减量法。

称量时，用纸条叠成宽度适中的两三层纸带，毛边朝下套在称量瓶上。右手拇指与食指拿住纸条，由天平的右门放在天平右盘的正中，取下纸带，称出瓶试样的质量。然后右手仍用纸带把称量瓶从盘上取下，交左手仍用纸带拿住，放在容器上方。右手用另一小纸片衬垫打开瓶盖，但勿使瓶盖离开容器上方。慢慢倾斜瓶身至接近水平，瓶底略低于瓶口。在称量瓶口离容器上方约 1cm 处，用盖轻轻敲瓶口上部使试样落入接受的容器内。倒出试样后，把称量瓶轻轻竖起，同时用盖敲打瓶口上部，使黏在瓶口的试样落下（或落入称量瓶或落入容器，所以倒出试样的手必须在容器口正上方进行）。盖好瓶盖，放回天平盘上，称出其质量。两次质量之差，即为倒出的试样质量。若不慎倒出的试样超过了所需的量，则应弃之重称。

实验要求每人称量 0.2~0.4g 试样两份。准确记录数据(成功称取三次)。

五、实验数据记录

记录项目	Ⅰ	Ⅱ	Ⅲ
(称量瓶+试样)的质量(倒出前)	m_1 g	m_2 g	m_3 g
(称量瓶+试样)的质量(倒出后)	m_2 g	m_3 g	m_4 g
称出试样质量	g	g	g
(烧杯+称出试样)的质量	m_5 g	m_6 g	m_7 g
空烧杯质量	g	g	g
称出试样质量	g	g	g
绝对差值	g	g	g

六、思考题

(1) 样品是否需要放在天平托盘中央？为什么？

(2) 减量法称重时，试样的转移过程可否用药勺完成？为什么？

(3) 减量法称重时，为什么不能直接用手接触称量瓶的瓶身和瓶盖？

七、实验注意事项

(1) 不可随意移动电子分析天平的位置。

(2) 称重前显示屏示数应为"0.0000"，否则需按"去皮键"使示数为"0.0000"，以防产生零点误差。

(3) 应尽量避免将试样洒落在天平内，若不慎洒落须报告教师，在教师指导下清理。

(4) 实验数据应直接、如实地记在实验记录本上，不能随意记在纸片上。

(5) 称量结束后，按"ON/OFF"键关闭天平，套好防尘罩并在登记本上登记后方可离开(若马上有其他同学使用，只需登记后即可离开)。

实验 2　酸碱标准溶液的配制和浓度的比较

一、实验目的

(1) 练习滴定操作，初步掌握准确的确定滴定终点的方法。

(2) 练习酸碱标准溶液的配制和浓度的比较。

(3) 熟悉甲基橙和酚酞指示剂的使用和终点的变化。

二、实验原理

浓盐酸易挥发,固体氢氧化钠易吸收空气中水分和二氧化碳,因此不能直接配制准确浓度的 HCl 和 NaOH 标准溶液,只能先配制近似浓度的溶液,然后用基准物质标定其准确浓度。或者是用另一个已知准确浓度的标准溶液滴定该溶液,再根据体积比求得该溶液的浓度。

三、仪器和试剂

仪器:50mL 酸式滴定管;50mL 碱式滴定管;小烧杯;250mL 锥形瓶(3 只);小量筒 10mL;玻璃棒。

试剂:$6\text{mol} \cdot \text{L}^{-1}$ HCl;固体 NaOH;甲基橙指示剂($1\text{g} \cdot \text{L}^{-1}$);酚酞指示剂($2\text{g} \cdot \text{L}^{-1}$,乙醇溶液)。

四、实验步骤

1. 溶液的配制

(1) $0.1\text{mol} \cdot \text{L}^{-1}$ HCl 溶液的配制:通过计算求出配制 500mL $0.1\text{mol} \cdot \text{L}^{-1}$ HCl 溶液所需浓盐酸($6\text{mol} \cdot \text{L}^{-1}$ HCl)的体积(约为 8.33mL)。然后用小量筒量取此量的浓盐酸,加入水中,并稀释成 500mL,放置玻塞细口瓶中,摇匀备用。

(2) $0.1\text{mol} \cdot \text{L}^{-1}$ NaOH 溶液的配制:通过计算求出配制 500mL $0.1\text{mol} \cdot \text{L}^{-1}$ NaOH 溶液所需固体 NaOH 的量(2g)。在托盘天平上迅速称出,置于烧杯中,立即用水溶解,并稀释至 500mL,放置橡皮塞细口瓶中,摇匀备用。

2. NaOH 溶液与 HCl 溶液浓度的比较

(1) 取酸碱滴定管各一支,检查是否漏水,先用水清洗滴定管内壁 2~3 次,再用所要盛装的溶液润洗 2~3 次,分别在酸碱滴定管中装入前面所配制的溶液。排出两滴定管管尖气泡,并将滴定管液面调至 0.00 刻度。

(2) 取锥形瓶一只,洗净后放在碱式滴定管下,放出 25.00mL NaOH 溶液,加入一滴甲基橙指示剂,用 HCl 溶液滴定至溶液由黄色变橙色为止,记录 HCl 溶液的体积。反复滴定三次,求出体积比($V_{\text{NaOH}}/V_{\text{HCl}}$)。

(3) 取锥形瓶一只,洗净后放在酸式滴定管下,放出 25.00mL HCl 溶液,加入一滴酚酞指示剂,用 NaOH 溶液滴定至溶液由无色变微红色为止,记录 NaOH 溶液的体积。反复滴定三次,求出体积比($V_{\text{HCl}}/V_{\text{NaOH}}$)。

五、实验数据记录

1. 以甲基橙为指示剂

表 1 HCl 滴定 NaOH 溶液

记录项目	1	2	3
HCl 体积终读数/mL			
HCl 体积初读数/mL			

续表

记录项目	1	2	3
V_{HCl}/mL			
V_{NaOH}/V_{HCl}			
V_{NaOH}/V_{HCl} 平均值			
个别测定的绝对偏差/%			
相对平均偏差/%			

2. 以酚酞为指示剂

表 2　NaOH 滴定 HCl 溶液

记录项目	1	2	3
NaOH 体积终读数/mL			
NaOH 体积初读数/mL			
V_{NaOH}/mL			
V_{HCl}/V_{NaOH}			
V_{HCl}/V_{NaOH} 平均值			
个别测定的绝对偏差/%			
相对平均偏差/%			

六、思考题

(1) 配制 NaOH 溶液时，应选用何种天平称量？为什么？
(2) HCl 和 NaOH 溶液能否直接配制准确浓度？为什么？
(3) 在滴定分析试验中，滴定管、移液管为何需要用滴定剂和要移取的溶液润洗几次？
(4) 滴定管、移液管量取溶液体积，记录时应记准几位有效数字？
(5) 滴定管读数的起点为何每次最好调至 0.00 刻度处，其道理何在？

七、实验注意事项

中和滴定实验的过程可分为 5 个步骤，每一步骤中都有 3 个应注意的问题，归纳如下：

一查：即对中和滴定的仪器进行检查。①检查滴定管是否漏水，其方法是注水至全容量，垂直静置 15min，所渗漏的水不超过最小分度值。②检查酸式滴定管的活塞是否转动灵活。③检查碱式滴定管乳胶管中的玻璃小球大小是否适宜。

二盛：①标准溶液盛在滴定管中，一是注意先用少量标准液把滴定管润洗 2~3 次，否则会使标准液浓度变稀。二是注意调节到滴定管尖嘴部分充满溶液，避免空气"冒充"溶液。三是使液面处在刻度"0"的位置。②锥形瓶中盛待测液，只用蒸馏水洗净，没必要烘干。一是注意取用待测液的移液管或者滴定管应先用待测液润洗 2~3 次。二是注意锥形瓶不能用待测液润洗，否则会使待测物物质的量增多，测定结果偏高。三是向锥形瓶中加入指示剂的量应注意控制为 2~3 滴，以避免指示剂消耗酸或碱而产生误差。③容量瓶用蒸馏水洗净,可检验容量瓶是否漏水,润洗 2~3 次,不需要用待配溶液润洗。

三滴:滴定操作应注意。①左手通过酸式滴定管的活塞或碱式滴定管中的玻璃小球控制滴定速度,注意先快后慢。②右手不断摇动锥形瓶,促进反应完全。③眼睛注视锥形瓶中溶液颜色的变化。

四判:即滴定终点的判断。①酸滴定碱,一般选择甲基橙作指示剂,终点时,溶液颜色由黄色转变为橙色。②碱滴定酸,一般选择酚酞作指示剂,终点时,溶液由无色转变为浅红色。③终点时,溶液颜色应注意不立即褪去而保持 30s。

五算:即滴定结果的求算。①读数时,滴定管必须保持垂直。读数者的视线应与管内液面的最凹点处于同一水平线上。②准确读数。滴定管可精确读到 0.1mL,估读到 0.01mL,都是有效读数。③取三次测定数值的平均值计算待测溶液的物质的量浓度。

实验 3 NaOH 溶液浓度的配制和标定

一、实验目的

(1) 学习和掌握 NaOH 标准溶液的配制和标定方法。
(2) 巩固减量法称取固体药品的操作。

二、实验原理

常用于标定 NaOH 溶液浓度的基准物质有邻苯二甲酸氢钾和草酸,因邻苯二甲酸氢钾($KHC_8H_4O_4$)具有纯品容易获得、易于干燥不吸湿、摩尔质量大可相对降低称量误差等优点,故而选择其作为标准物质。

用酸性基准物质邻苯二甲酸氢钾($KHC_8H_4O_4$)以酚酞为指示剂标定 NaOH 溶液的浓度。化学计量点时,溶液 pH 约为 9.1,终点颜色变化是由无色变至微红。

邻苯二甲酸氢钾的结构式为: 苯环-COOH,-COOK ,其中只有一个可电离的氢离子。

标定的反应式为

$$KHC_8H_4O_4 + NaOH =\!=\!= KNaC_8H_4O_4 + H_2O$$

三、仪器和试剂

仪器:50mL 酸式滴定管;50mL 碱式滴定管;小烧杯;250mL 锥形瓶(3 只);小量筒 10mL;玻璃棒;电子分析天平。

试剂:$0.1mol \cdot L^{-1}$ NaOH 溶液;邻苯二甲酸氢钾;酚酞指示剂($2g \cdot L^{-1}$,乙醇溶液)。

四、实验步骤

(1) $0.1mol \cdot L^{-1}$ NaOH 溶液的配制:通过计算求出配制 500mL $0.1mol \cdot L^{-1}$ NaOH 溶液所需固体 NaOH 的量(2g)。在托盘天平上迅速称出,置于烧杯中,立即用水溶解,并稀释至 250mL,放置橡皮塞细口瓶中,摇匀备用。

(2) NaOH 溶液浓度的标定:在分析天平上准确称取三份已在 105~110℃ 烘干 1h 以上的分析纯的邻苯二甲酸氢钾,用称量瓶准确称取每份 0.4~0.6g 于锥形瓶中,用 30mL 煮沸后刚刚冷却的水使之溶解。冷却后加入 2~3 滴酚酞指示剂,用 NaOH 溶液滴定至呈微红色 30s 不褪色,即为终点。记录消耗的 NaOH 溶液的体积,并计算其准确浓度。要求三次测定的相对平均偏差小于 0.2%(注意:记录好数据,计算出 NaOH 标准溶液浓度,以便供实验 4 使用)。

五、实验数据记录

记录项目	I	II	III
(称量瓶+$KHC_8H_4O_4$)的质量(倒出前)	g	g	g
(称量瓶+$KHC_8H_4O_4$)的质量(倒出后)	g	g	g
$KHC_8H_4O_4$ 的质量	g	g	g
NaOH 体积终读数	mL	mL	mL
NaOH 体积初读数	mL	mL	mL
V_{NaOH}	mL	mL	mL
c_{NaOH}			
$\bar{c}_{NaOH}$			
个别测定的绝对偏差			
相对平均偏差			

NaOH 标准溶液的浓度按下式计算:

$$c_{NaOH} = \frac{1000 m_{KHC_8H_4O_4}}{M_{KHC_8H_4O_4} V_{NaOH}}$$

六、思考题

(1) 溶解基准物 $KHC_8H_4O_4$ 所用水的体积的量度,是否需要准确?为什么?

(2) 移液管和滴定管在使用前需要用待用溶液润洗 3 次,请问锥形瓶是否也需要此步骤,为什么?

七、实验注意事项

(1) 本步骤中所用水均为去离子水。

(2) 饱和 NaOH 溶液的浓度受温度影响很大,具体用量视实验时温度而定。

(3) 减量法不能保证每次称量的质量相同,故锥形瓶必须编号以免混淆。

(4) 通常从邻苯二甲酸氢钾质量最少的那份开始标定。

实验 4 盐酸标准溶液的配制和标定

一、实验目的

(1) 掌握 HCl 标准溶液的配制和标定方法。
(2) 了解甲基橙指示剂的特点。

二、实验原理

酸碱滴定中最常用的酸标准溶液为 HCl 溶液,这是因为稀 HCl 溶液稳定性好,且大多数氯化物易溶于水,不影响指示剂指示终点。市售浓 HCl 易挥发,故只能采用间接法配制 HCl 标准溶液。标定 HCl 溶液浓度常用的基准物质有无水 Na_2CO_3 和硼砂($Na_2B_4O_7 \cdot 10H_2O$)。本实验采用无水 Na_2CO_3 为基准物,它与 HCl 的反应式如下:

$$Na_2CO_3 + 2HCl = 2NaCl + H_2CO_3$$

反应生成的碳酸过饱和部分会不断分解逸出,其饱和溶液的 pH~3.9,可用甲基橙指示剂,溶液由黄色刚变至橙色(pH4.0)时即为滴定终点。用无水 Na_2CO_3 为基准物标定盐酸标准溶液的浓度。由于 Na_2CO_3 易吸收空气中的水分,因此采用市售基准试剂级的 Na_2CO_3 时应预先于 180℃下使之充分干燥,并保存于干燥器中。

三、仪器和试剂

仪器:50mL 酸式滴定管;50mL 碱式滴定管;小烧杯;250mL 锥形瓶(3 只);小量筒 10mL;玻璃棒;电子分析天平。

试剂:$0.1mol \cdot L^{-1}$ HCl 标准溶液;无水 Na_2CO_3(AR);甲基橙指示剂($1g \cdot L^{-1}$)。

四、实验步骤

1. $0.1mol \cdot L^{-1}$ HCl 溶液的粗配

用 10mL 量筒量取 4.2mL $12mol \cdot L^{-1}$ 浓 HCl 稀释到 500mL 备用。

2. $0.1mol \cdot L^{-1}$ HCl 标准溶液的标定

在分析天平上准确称取三份已烘干的无水 Na_2CO_3(0.1~0.2g)于 3 只 250mL 锥形瓶中,用 30mL 水使之溶解,可微热。加入二滴甲基橙指示剂,用 $0.1mol \cdot L^{-1}$ HCl 溶液滴定到由黄色变橙色,30s 内不褪色,即为终点。记下 HCl 标准溶液的耗用量,并计算出 HCl 标准溶液的浓度。各次标定结果的相对平均偏差不得大于 0.3%,否则重做(注意:记录好数据)。

五、实验记录

记录项目	I	II	III
（称量瓶＋Na_2CO_3）的质量（倒出前）	g	g	g
（称量瓶＋Na_2CO_3）的质量（倒出后）	g	g	g
Na_2CO_3 的质量	g	g	g
HCl 体积终读数	mL	mL	mL
HCl 体积初读数	mL	mL	mL
V_{HCl}	mL	mL	mL
c_{HCl}			
$\bar{c}_{HCl}$			
个别测定的绝对偏差			
相对平均偏差			

HCl 标准溶液的浓度按下式计算：

$$c_{HCl}=\frac{2c_{Na_2CO_3}V_{Na_2CO_3}}{V_{HCl}}$$

六、思考题

（1）溶解基准物 Na_2CO_3 所用水的体积的量度，是否需要准确？为什么？

（2）用于标定的锥形瓶是否需要预先干燥？为什么？

（3）用无水 Na_2CO_3 为基准物标定盐酸标准溶液的浓度时，为什么不用酚酞为指示剂？

七、实验注意事项

（1）配制 $0.1 mol·L^{-1}$ HCl 溶液时，因为浓盐酸易挥发，应在通风橱里操作。

（2）无水 Na_2CO_3 具有一定的吸湿性，称量速度要尽可能快，称量过程中也要盖好称量瓶盖子。

第5章

酸碱滴定实验

实验5 食用醋总酸度的测定

一、实验目的

(1) 进一步掌握滴定管、移液管、容量瓶的规范操作方法。
(2) 学习食醋中总酸度的测定方法。
(3) 了解强碱滴定弱酸的反应原理及指示剂的选择。
(4) 了解基准物质 $KHC_8H_4O_4$ 的性质及应用。

二、实验原理

食醋是以粮食、糖类或酒糟等为原料,经醋酸酵母菌发酵而成。食醋味酸而醇厚,液香而柔和,是烹饪中一种必不可少的调味品。常用的食醋主要有"米醋""熏醋""糖醋""酒醋""白醋"等,根据产地、品种的不同,食醋中所含醋酸的量也不同,食醋酸味强度的高低主要是由其中所含醋酸量(HAc,其含量为 $3.5 \sim 9.0 \text{g} \cdot \text{mol}^{-1}$)的大小决定。除含醋酸外,食醋中还含有其他一些对身体有益的营养成分,如乳酸、葡萄糖酸、琥珀酸、氨基酸、糖、钙、磷、铁、维生素 B_2 等。

用 NaOH 标准溶液测定时,食醋中离解常数 $K_a \geqslant 10^{-7}$ 的弱酸都可被滴定,其反应式如下:

$$NaOH + HAc \Longrightarrow NaAc + H_2O$$

$$nNaOH + H_nA \Longrightarrow Na_nA + nH_2O$$

醋酸的解离常数 $K_a = 1.8 \times 10^{-5}$,用 NaOH 标准溶液滴定醋酸,化学计量点的 pH 约为 8.7,可选用酚酞为指示剂,滴定终点时溶液由无色变为微红色。滴定时,不仅 HAc 与 NaOH 反应,食用醋中可能存在的其他酸也与 NaOH 反应,故滴定所得为总酸度,以 $\rho_{HAc}(\text{g} \cdot \text{L}^{-1})$ 表示。

本实验选用邻苯二甲酸氢钾($KHC_8H_4O_4$,缩写为 KHP,$pK_{a2} = 5.41$)作为基准试剂来标定 NaOH 溶液的浓度。邻苯二甲酸氢钾纯度高、稳定、不吸水,而且有较大的摩尔质量。标定时可用酚酞作指示剂。

三、仪器和试剂

仪器:50.00mL 滴定管;25.00mL 移液管;250mL 容量瓶;250mL 锥形瓶。

试剂：NaOH 溶液（0.1mol·L^{-1}）；邻苯二甲酸氢钾（KHC$_8$H$_4$O$_4$）基准试剂；酚酞指示剂（2g·L^{-1}，乙醇溶液）；食用醋试液。

四、实验步骤

1. 0.1mol·L^{-1} NaOH 溶液的标定

参见实验 3。

2. 食用醋总酸度的测定（常量滴定）

准确移取食用白醋 25.00mL 于 250mL 容量瓶中，用新煮沸并冷却的蒸馏水稀释至刻度，摇匀。用移液管移取 25.00mL 上述稀释后的试液于 250mL 锥形瓶中，加入 2～3 滴酚酞指示剂。用上述 0.1mol·L^{-1} NaOH 标准溶液滴至溶液呈现微红色且 30s 内不褪色，即为终点。平行测定 3 次，根据消耗的 NaOH 标准溶液的量，计算食用醋总酸度 ρ_{HAc}（g·L^{-1}）。

3. 食用醋总酸度的测定（微型滴定）

准确吸取食用醋试液 5.00mL 于 50mL 容量瓶中，用新煮沸并冷却的蒸馏水稀释至刻度，摇匀。用移液管移取 2.00mL 上述稀释后的试液于 25mL 锥形瓶中，加入 5mL 蒸馏水，1 滴酚酞指示剂。用上述 0.1mol·L^{-1} NaOH 标准溶液滴至溶液呈现微红色且 30s 内不褪色，即为终点。平行测定 3 次，根据消耗的 NaOH 标准溶液的量，计算食用醋总酸度 ρ_{HAc}（g·L^{-1}）。

五、实验数据记录

表 1　KHC$_8$H$_4$O$_4$ 标定 NaOH 溶液

编号	1	2	3
$m_{KHC_8H_4O_4}$/g			
V_{NaOH}/mL			
c_{NaOH}/(mol·L^{-1})			
c_{NaOH} 平均值/(mol·L^{-1})			
相对偏差/%			
相对平均偏差/%			

表 2　食用醋总酸度的测定

编号	1	2	3
$V_{食用白醋}$/mL			
$V_{稀释后}$/mL			
V_{NaOH}/mL			
ρ_{HAc}(g·L^{-1})			
ρ_{HAc} 平均值(g·L^{-1})			
相对偏差/%			
相对平均偏差/%			

六、实验注意事项

食醋的总酸度约为 $1.6 \sim 1.5 \, \text{mol} \cdot \text{L}^{-1}$,本实验采用 $0.1 \, \text{mol} \cdot \text{L}^{-1}$ 的 NaOH 标准溶液测定,故需对待测食醋稀释适当倍数。稀释也有利于降低食醋自身颜色的干扰。

七、思考题

(1) 如果 NaOH 标准溶液在保存过程中吸收了空气中的二氧化碳,用此标准溶液滴定同一种 HCl 溶液时,分别选用甲基橙和酚酞为指示剂有何区别?为什么?

(2) 若用于标定 NaOH 溶液浓度的基准物质 $KHC_8H_4O_4$ 没有完全烘干,会对最终测定的结果即食醋的总酸度产生什么影响?

(3) 配制 NaOH 标准溶液、溶解基准物质 $KHC_8H_4O_4$ 以及稀释醋酸试样所用的水是否都应是新煮沸并冷却的水?为什么?

(4) 本实验是否可以采用甲基橙为指示剂?为什么?

实验 6　工业纯碱总碱度的测定

一、实验目的

(1) 了解基准物质碳酸钠及硼砂的化学式和化学性质。
(2) 掌握 HCl 标准溶液的配制、标定过程。
(3) 掌握强酸滴定二元弱碱的滴定过程、突跃范围及指示剂的选择。
(4) 掌握定量转移操作的基本要点。

二、实验原理

工业纯碱的主要成分为碳酸钠,商品名为苏打,其中可能还含有少量 NaCl、Na_2SO_4、$NaHCO_3$ 等成分。常以 HCl 标准溶液为滴定剂测定总碱度来衡量产品的质量。滴定反应式为

$$Na_2B_4O_7 + 2HCl + 5H_2O = 4H_3BO_3 + 2NaCl$$

$$Na_2CO_3 + 2HCl = 2NaCl + H_2CO_3$$

$$H_2CO_3 = CO_2\uparrow + H_2O$$

反应产物 H_2CO_3 易形成过饱和溶液并分解为 CO_2 逸出。化学计量点时溶液 pH 为 $3.8 \sim 3.9$,可选用甲基橙为指示剂,用 HCl 标准溶液滴定,溶液由黄色转变为橙色即为终点。试样中的 $NaHCO_3$ 同时被中和。根据下面反应所消耗 HCl 标准溶液的体积 V_1、V_2 可以计算出试液中 Na_2CO_3 及 $NaHCO_3$ 的含量 W,计算式如下:

$$W_{NaHCO_3} = \frac{(V_2 - V_1)c_{HCl}M_{NaHCO_3}}{V_{试}}$$

$$W_{Na_2CO_3} = \frac{V_1 c_{HCl} M_{Na_2CO_3}}{V_{试}}$$

式中：c 为浓度，单位为 $mol·L^{-1}$；W 为 Na_2CO_3 或 $NaHCO_3$ 的含量，单位为 $g·L^{-1}$；M 为物质的摩尔质量，单位为 $g·mol^{-1}$；V 为溶液的体积，单位为 mL。

由于试样易吸收水分和 CO_2，应在 270～300℃ 将试样烘干 2h，以除去吸附水并使 $NaHCO_3$ 全部转化为 Na_2CO_3。工业纯碱的总碱度通常以 $\omega_{Na_2CO_3}$ 或 ω_{Na_2O} 表示，由于试样均匀性交叉，应称取较多试样，ω 允许误差可适当放宽一点。

三、仪器和试剂

仪器：50mL 酸式滴定管；250mL 容量瓶；25.00mL 移液管；250mL 锥形瓶；小量筒；电子分析天平（万分之一）；电炉。

试剂：HCl 溶液 $0.1mol·L^{-1}$；无水 Na_2CO_3；甲基红（$2g·L^{-1}$，60%的乙醇溶液）；硼砂（$Na_2B_4O_7·10H_2O$）。

四、实验步骤

1. $0.1mol·L^{-1}$ HCl 溶液的标定

硼砂 $Na_2B_4O_7·10H_2O$ 标定：准确称取硼砂 0.4000～0.6000g 三份，分别倾入 250mL 锥形瓶中，加水 50mL 使之溶解，加入 2 滴甲基红指示剂，用 HCl 标准溶液滴定至溶液由黄色恰变为浅红色即为终点。根据硼砂的质量和滴定时所消耗的 HCl 溶液的体积，计算 HCl 溶液的浓度。

2. 总碱度的测定

准确移取 25.00mL 混合碱液于 250mL 容量瓶中，加水稀释至刻度，充分摇匀。平行移取试液 25.00mL 三份或五份分别放入 250mL 锥形瓶中，加水 20mL，加入酚酞指示剂 2～3 滴，以 $0.1mol·L^{-1}$ HCl 标准溶液滴定至溶液由红色变为微红色，记下 HCl 溶液体积（V_1）。然后加入 1～2 滴甲基橙指示剂，继续用 HCl 标准溶液滴定溶液由黄色恰变为橙色即为终点，记下第二次用去 HCl 标准溶液的体积（V_2）。

根据 HCl 标准溶液所消耗的 V_1 与 V_2 和准确的浓度，来判断试样的组成，计算试样中各组分的含量及各次相对偏差（应在±0.5% 以内）。

五、思考题

(1) 为什么配制 $0.1mol·L^{-1}$ HCl 溶液 1L 需要量取浓 HCl 溶液 9mL？写出计算式。

(2) 无水 Na_2CO_3 保存不当，吸收了 1% 的水分，用此基准物质标定 HCl 溶液浓度时，对其结果产生何种影响？

实验 7　碱液中 NaOH 及 Na_2CO_3 含量的测定（双指示剂法）

一、实验目的

(1) 了解双指示剂法测定碱液中 NaOH 和 Na_2CO_3 含量的原理。

(2) 了解混合指示剂的使用及其优点。

二、实验原理

碱液中 NaOH 和 Na_2CO_3 的含量,可以在同一份试液中用两种不同的指示剂来进行测定,这种测定方法即所谓的"双指示剂法"。此法方便、快速,在生产中应用普遍。

常用的两种指示剂是酚酞和甲基橙。在试液中先加酚酞,用 HCl 标准溶液滴定至红色刚刚褪去。由于酚酞的变色范围在 pH 8~10,因此此时不仅 NaOH 被中和,Na_2CO_3 也被滴定成 $NaHCO_3$,记下此时 HCl 标准溶液的耗用量 V_1(mL)。再加入甲基橙指示剂,开始溶液呈黄色,滴定至终点时呈橙色,此时 $NaHCO_3$ 被滴定成 Na_2CO_3,记下 HCl 标准溶液的耗用量 V_2。根据 V_1、V_2 可以计算出试液中 NaOH 及 Na_2CO_3 的含量 W,计算式如下:

$$W_{NaOH} = \frac{(V_1 - V_2) \times c_{HCl} \times M_{NaOH}}{V_{试}}$$

$$W_{Na_2CO_3} = \frac{2V_2 \times c_{HCl} \times M_{Na_2CO_3}}{2V_{试}}$$

式中:c 为浓度,单位为 $mol \cdot L^{-1}$;W 为 NaOH 或 Na_2CO_3 的含量,单位为 $g \cdot L^{-1}$;M 为物质的摩尔质量,单位为 $g \cdot mol^{-1}$;V 为溶液的体积,单位为 mL。

由于双指示剂中以酚酞作指示剂时从微红色到无色的变化不敏锐,本实验中改用甲酚红和百里酚蓝混合指示剂代替。甲酚红的变色范围为 6.7(黄)~8.4(红),百里酚蓝的变色范围为 8.0(黄)~9.6(蓝),混合后的变色点是 8.3,酸色呈黄色,碱色呈紫色,在 pH 8.2 时为樱桃色,变色较敏锐。

三、仪器和试剂

仪器:50mL 酸式滴定管;10.00mL 移液管;250mL 锥形瓶;电子分析天平(万分之一);电炉。

试剂:$0.5 mol \cdot L^{-1}$ HCl 标准溶液;甲酚红和百里酚蓝混合指示剂;甲基橙指示剂;酚酞指示剂。

四、实验步骤

双指示剂法:用移液管吸取碱液试样 10mL,加甲酚红和百里酚蓝混合指示剂 5 滴,用 $0.5 mol \cdot L^{-1}$ 标准溶液滴定,边滴加边充分摇动,以免局部 Na_2CO_3 直接被滴至 H_2CO_3。开始溶液呈红紫色,滴定至樱桃色即为终点(樱桃色要以白色瓷板或纸张为背景从侧面看,若从上往下看则呈浅灰色,呈樱桃色时再加一滴 HCl 标准溶液,即为黄色),记下体积 V_1。然后再加 2 滴甲基橙指示剂,此时溶液仍呈黄色,继续以 HCl 溶液滴定至溶液呈橙色,即达到终点,记下终点所用 HCl 的体积 V_2。

试比较以上用混合指示剂与酚酞指示剂滴定时终点的变化情况。

五、思考题

(1) 碱液中的 NaOH 和 Na_2CO_3 的含量是怎样测定的?

(2) 试比较采用酚酞指示剂与甲酚红和百里酚蓝混合指示剂的优缺点。

(3) 有一碱液,可能为 NaOH 或 Na_2CO_3 或 $NaHCO_3$ 或共存物质的混合液。用标准酸溶液滴定至酚酞终点时,耗去酸 V_1 mL,继以甲基橙为指示剂滴定至终点时又耗去酸 V_2 mL。根据 V_1 与 V_2 的关系判断该碱液的组成。

关 系	组 成
$V_1 > V_2$	
$V_1 < V_2$	
$V_1 = V_2$	
$V_1 = 0$ $V_2 > 0$	
$V_1 > 0$ $V_2 = 0$	

实验 8　阿司匹林药片中乙酰水杨酸含量的测定

一、实验目的

(1) 学习返滴定法的原理与操作。
(2) 学习用酸碱滴定法测定阿司匹林药片。

二、实验原理

阿司匹林曾经是广泛使用的解热镇痛药,它的主要成分是乙酰水杨酸。乙酰水杨酸是有机弱酸($K_a = 1 \times 10^{-3}$),摩尔质量为 180.16 g·mol^{-1},微溶于水,易溶于乙醇。在强碱性溶液中溶解并水解为水杨酸(邻羟基苯甲酸)和乙酸盐,反应式为

由于药片中一般都添加了一定量的赋形剂,如硬脂酸镁、淀粉等不溶物,不宜直接滴定,可采用返滴定法进行测定。将药片研磨成粉状后加入过量的 NaOH 标准溶液,加热一段时间使乙酰基水解完全,再以酚酞为指示剂,用 HCl 标准溶液返滴定过量的 NaOH,滴定至溶液由红色变为接近无色即为终点。在这一反应过程中,1 mol 乙酰水杨酸消耗 2 mol NaOH。

乙酰水杨酸若是纯品可用 NaOH 溶液直接滴定,以酚酞为指示剂。滴定反应式为

滴定应在 10 ℃ 以下的中性乙醇介质中进行,以防止乙酰基水解。

三、仪器和试剂

仪器：50mL 碱式滴定管；25.00mL 移液管；100mL 烧杯；250mL 容量瓶；表面皿；研钵；电炉。

试剂：NaOH 溶液（500mL，1mol·L^{-1} 和 0.1mol·L^{-1}）；HCl 溶液（500mL，0.1mol·L^{-1}）；酚酞指示剂（2g·L^{-1}，乙醇溶液）；邻苯二甲酸氢钾（KHC$_8$H$_4$O$_4$）基准试剂；无水 Na$_2$CO$_3$ 基准试剂；硼砂（Na$_2$B$_4$O$_7$·10H$_2$O）基准试剂；阿司匹林药片；乙醇（95%）；纯乙酰水杨酸。

四、实验步骤

1. 0.1mol·L^{-1} HCl 溶液的标定

（1）以无水 Na$_2$CO$_3$ 基准物质标定。

准确称取 0.13～0.15g 基准 Na$_2$CO$_3$，置于 250mL 锥形瓶中，加入 20～30mL 蒸馏水使之溶解后，滴加 1 滴甲基橙指示剂，用待标定的 HCl 溶液滴定，溶液由黄色变为橙色即为终点。平行滴定 3～5 份，根据所消耗的 HCl 体积，计算 HCl 溶液的浓度。

（2）以硼砂（Na$_2$B$_4$O$_7$·10H$_2$O）基准物质标定。

准确称取 0.4～0.6g 硼砂，置于 250mL 锥形瓶中，加入 50mL 蒸馏水使之溶解后，滴加 2 滴甲基红指示剂，用 0.1mol·L^{-1} HCl 溶液滴定至溶液由黄色恰好变为浅红色，即为终点。平行滴定 3～5 份，计算 HCl 溶液的浓度。

2. 药片中乙酰水杨酸含量的测定

将阿司匹林药片研成粉末后，准确称取约 0.6g 药粉于干燥的 100mL 烧杯中，用移液管准确加入 25.00mL 1mol·L^{-1} NaOH 标准溶液后，用量筒加 30mL 蒸馏水，盖上表面皿，轻摇几下，置近沸水浴加热 15min，迅速用流水冷却，将烧杯中的溶液定量转移至 100mL 容量瓶中，用蒸馏水稀释至刻度，摇匀。

准确移取上述试液 10.00mL 于 250mL 锥形瓶中，加 20～30mL 蒸馏水，2～3 滴酚酞指示剂，用 0.1mol·L^{-1} HCl 标准溶液滴至红色刚好消失即为终点。平行测定 3 份，根据所消耗的 HCl 溶液的体积计算药片中乙酰水杨酸的质量分数。

3. NaOH 标准溶液与 HCl 标准溶液体积比的测定（空白试验）

用移液管准确称取 25.00mL 1mol·L^{-1} NaOH 溶液于 100mL 烧杯中，在与测定药粉相同的实验条件下进行加热，冷却后，定量转移至 100mL 容量瓶中，稀释至刻度，摇匀。准确移取上述试液 10.00mL 于 250mL 锥形瓶中，加 20～30mL 蒸馏水，2～3 滴酚酞指示剂，用 0.1mol·L^{-1} HCl 标准溶液滴至红色刚刚消失即为终点。平行测定 3 份，计算 V_{NaOH}/V_{HCl} 值。

4. 0.1mol·L^{-1} NaOH 溶液的标定

准确称取 $KHC_8H_4O_4$ 基准物质 0.4~0.6g 于 250mL 锥形瓶中,加约 50mL 蒸馏水溶解,摇匀。加入 2~3 滴酚酞指示剂,用待标定的 NaOH 溶液滴至溶液呈微红色,保持 30s 不褪色,即为终点。平行滴定 3 份,计算 NaOH 溶液的浓度。

5. 乙醇的预中和

量取约 60mL 乙醇置于 100mL 烧杯中,加入约 8 滴酚酞指示剂,在搅拌下滴加 0.1mol·L^{-1} NaOH 溶液至刚刚出现微红色,盖上表面皿,泡在冰水中。

6. 乙酰水杨酸(晶体)纯度的测定

准确称取乙酰水杨酸试样约 0.4g 于干燥的 250mL 锥形瓶中,加入 20mL 中性冷乙醇,摇动溶解后立即用 0.1mol·L^{-1} NaOH 标准溶液滴定至呈微红色,保持 30s 不褪色,即为终点。平行测定 3 份,计算乙酰水杨酸试样的纯度(%)。

五、实验数据记录

表 1　0.1mol·L^{-1} HCl 溶液的标定

编号	1	2	3
$m_{硼砂}$ 或 $m_{Na_2CO_3}$/g			
V_{HCl}/mL			
c_{HCl}/(mol·L^{-1})			
平均浓度/(mol·L^{-1})			

表 2　药片中乙酰水杨酸含量的测定

编号	1	2	3
$m_{乙酰水杨酸试样}$/g			
$V_{移取试液}$/mL			
V_{HCl}/mL			
$\omega_{乙酰水杨酸}$			
乙酰水杨酸含量平均值			

表 3　NaOH 标准溶液与 HCl 标准溶液体积比的测定

编号	1	2	3
V_{NaOH}/mL			
V_{HCl}/mL			
V_{NaOH}/V_{HCl}			
平均体积比(V_{NaOH}/V_{HCl})			

表4　0.01mol·L⁻¹NaOH 的标定

参见实验5。

表5　乙酰水杨酸(晶体)纯度的测定

编号	1	2	3
$m_{乙酰水杨酸}$/g			
V_{NaOH}/mL(0.1mol·L⁻¹)			
$\omega_{乙酰水杨酸}$			
乙酰水杨酸含量平均值			
相对偏差/%			
相对平均偏差/%			

六、思考题

(1) 在测定药片的实验中，为什么1mol 乙酰水杨酸消耗 2mol NaOH，而不是 3mol NaOH？返滴定后的溶液中，水解产物的存在形式是什么？

(2) 用返滴定法测定乙酰水杨酸，为何须做空白试验？

第6章

氧化还原滴定实验

实验9 过氧化氢含量的测定

一、实验目的

(1) 掌握 $KMnO_4$ 溶液的配制与标定方法,了解自催化反应。
(2) 学习 $KMnO_4$ 法测定 H_2O_2 的原理和方法。
(3) 了解 $KMnO_4$ 自身指示剂的特点。

二、实验原理

在稀硫酸溶液中,H_2O_2 在室温下能定量、迅速地被高锰酸钾氧化,因此,可用高锰酸钾法测定其含量,有关反应式为

$$5H_2O_2 + 2MnO_4^- + 6H^+ = 2Mn^{2+} + 5O_2\uparrow + 8H_2O$$

该反应在开始时比较缓慢,滴入的第一滴 $KMnO_4$ 溶液不容易褪色,待生成少量 Mn^{2+} 后,由于 Mn^{2+} 的催化作用,反应速率逐渐加快。化学计量点后,稍微过量的滴定剂 $KMnO_4$(约 $10^{-6}\ mol\cdot L^{-1}$)呈现微红色指示终点的到达。根据 $KMnO_4$ 标准溶液的浓度和滴定所消耗的体积,可算出试样中 H_2O_2 的含量。

$KMnO_4$ 溶液的浓度可用基准物质 As_2O_3、纯铁丝或 $Na_2C_2O_4$ 等标定,若以 $Na_2C_2O_4$ 标定,其反应式为

$$2MnO_4^- + 5C_2O_4^{2-} + 16H^+ = 2Mn^{2+} + 10CO_2\uparrow + 8H_2O$$

若 H_2O_2 试样中含有乙酰苯胺等稳定剂,则不宜用 $KMnO_4$ 法测定,因为此类稳定剂也消耗 $KMnO_4$。这时可采用碘量法测定,利用 H_2O_2 与 KI 作用析出 I_2,然后用标准硫代硫酸钠溶液滴定生成的 I_2。

过氧化氢在工业、生物、医药等方面应用广泛。它可用于漂白毛、丝织物及消毒、杀菌;纯 H_2O_2 能做火箭燃料的氧化剂;工业上可利用 H_2O_2 的还原性除去氯气;在生物方面,则可利用过氧化氢酶对 H_2O_2 分解反应的催化作用,来测量过氧化氢酶的活性。由于过氧化氢有着这样广泛的应用,故常需测定它的含量。

三、仪器和试剂

仪器:50mL 酸式滴定管;250mL 容量瓶;1.00mL 移液管;25.00mL 移液管;250mL 锥形瓶;小量筒;电子分析天平(万分之一);电炉。

试剂：$Na_2C_2O_4$ 基准试剂：在 105～115℃ 条件下烘干 2h 备用；H_2SO_4 溶液(3mol·L^{-1})；$KMnO_4$ 溶液(0.02mol·L^{-1})；H_2O_2 溶液(300g·L^{-1})。

四、实验步骤

1. $KMnO_4$ 溶液的配制

在台秤上称取 $KMnO_4$ 固体约 1.6g，置于 1000mL 烧杯中，加 500mL 蒸馏水使其溶解，盖上表面皿，加热至沸并保持微沸状态约 1h，中间可补加一定量的蒸馏水，以保持溶液体积基本不变。冷却后将溶液转移至棕色瓶内，在暗处放置 2～3 天①，然后用 G3 或 G4 砂芯漏斗过滤除去 MnO_2 等杂质，滤液储存于棕色试剂瓶内备用。另外，也可将 $KMnO_4$ 固体溶于煮沸过的蒸馏水中，让该溶液在暗处放置 6～10 天，用砂芯漏斗过滤备用。有时也可不经过滤而直接取上层清液进行实验。

2. $KMnO_4$ 溶液的标定

准确称取 0.1500～0.2000g $Na_2C_2O_4$ 基准物质 3 份，分别置于 250mL 锥形瓶中，向其中各加入 30mL 蒸馏水使之溶解，再各加入 15mL 3mol·L^{-1} H_2SO_4 溶液，然后将锥形瓶置于水浴上加热至 75～85℃②（刚好冒蒸气），趁热用待标定的 $KMnO_4$ 溶液滴定至溶液呈微红色并保持 30s 不褪色即为终点。平行标定 3 份，根据滴定消耗的 $KMnO_4$ 溶液的体积和 $Na_2C_2O_4$ 的量，计算 $KMnO_4$ 溶液的浓度（$KMnO_4$ 标准溶液久置后需重新标定）。

3. H_2O_2 含量的测定

用移液管移取 1.00mL 300g·L^{-1} H_2O_2 试样于 250mL 容量瓶中，加蒸馏水稀释至刻度，摇匀。移取 25.0mL 该稀溶液 3 份，分别置于 250mL 锥形瓶中，各加 30mL H_2O 和 30mL 3mol·L^{-1} H_2SO_4 溶液，然后用已标定的 $KMnO_4$ 标准溶液滴至溶液呈微红色并在 30s 内不褪色即为终点。如此平行滴定 3 份，根据 $KMnO_4$ 标准溶液的浓度和滴定消耗的体积计算 H_2O_2 试样的质量浓度。

五、实验数据记录

表 1　$KMnO_4$ 溶液的标定

编号	1	2	3
$m_{Na_2C_2O_4}$/g			
V_{KMnO_4}/mL			
c_{KMnO_4}/(mol·L^{-1})			

---

① 蒸馏水中常含有少量的还原性物质，使 $KMnO_4$ 还原为 $MnO_2·nH_2O$。它能加速 $KMnO_4$ 的分解，故通常将 $KMnO_4$ 溶液煮沸一段时间，放置 2～3 天，使之充分作用，然后将沉淀物过滤除去。

② 在室温条件下，$KMnO_4$ 与 $C_2O_4^{2-}$ 之间的反应速率缓慢，故加热提高反应速率。但温度不能太高，若超过 85℃ 则有部分 $H_2C_2O_4$ 分解，反应式如下：

$$H_2C_2O_4 \longrightarrow CO_2\uparrow + CO\uparrow + H_2O$$

编号	1	2	3
平均浓度/(mol·L^{-1})			
相对偏差/%			
相对平均偏差/%			

表2 KMnO$_4$ 溶液滴定 H$_2$O$_2$

编号	1	2	3
$V_{H_2O_2}$/mL			
V_{KMnO_4}/mL			
$\rho_{H_2O_2}$/(g·L^{-1})			
平均值/(g·L^{-1})			
相对偏差/%			
相对平均偏差/%			

六、思考题

(1) 配制 KMnO$_4$ 溶液应注意些什么？用基准物质 Na$_2$C$_2$O$_4$ 标定 KMnO$_4$ 时,应在什么条件下进行？

(2) 用 KMnO$_4$ 法测定 H$_2$O$_2$ 含量时,能否用 HNO$_3$ 溶液、HCl 溶液或 HAc 溶液来调节溶液酸度？为什么？

(3) 用 KMnO$_4$ 法测定 H$_2$O$_2$ 含量时,能否在加热条件下滴定？为什么？

(4) 配制 KMnO$_4$ 溶液时,过滤后的滤器上黏附的物质是什么？应选用什么物质清洗干净？

(5) H$_2$O$_2$ 有些什么重要性质？使用时应注意什么？

实验 10 化学需氧量的测定

一、实验目的

(1) 初步了解环境分析的重要性及水样的采集和保存方法。
(2) 掌握酸性高锰酸钾法测定化学需氧量的原理和方法。
(3) 了解水样的化学需氧量与水体污染的关系。

二、实验原理

水样的需氧量是水质污染程度的主要指标之一,它分为生物需氧量(简称 BOD)和化学需氧量(简称 COD)两种。BOD 是指水中有机物发生生物过程时所需要氧的量；COD 是指在特定条件下,用强氧化剂处理水样时,水样所消耗的氧化剂的量,常用每升水消耗 O$_2$ 的量来表示(mg·L^{-1})。水样的化学需氧量与测试条件有关,因此应严格控制反应条件,按规定的操作步骤进行测定。

测定化学需氧量的方法有重铬酸钾法、酸性高锰酸钾法和碱性高锰酸钾法。重铬酸钾法是指在强酸性条件下,向水样中加入过量的 $K_2Cr_2O_7$,让其与水样中的还原性物质充分反应,剩余的 $K_2Cr_2O_7$ 以邻二氮菲为指示剂,用硫酸亚铁铵标准溶液返滴定。根据消耗的 $K_2Cr_2O_7$ 溶液的体积和浓度,计算水样的需氧量。氯离子干扰测定,可在回流前加硫酸银除去。该法适用于工业污水及生活污水等含有较多复杂污染物的水样的测定。其滴定反应式为

$$K_2Cr_2O_7 + 6Fe^{2+} + 14H^+ \rightleftharpoons 2Cr^{3+} + 6Fe^{3+} + 2K^+ + H_2O$$

酸性高锰酸钾法测定水样的化学需氧量是指在酸性条件下,向水样中加入过量的 $KMnO_4$ 溶液,并加热溶液让其充分反应,然后再向溶液中加入过量的 $Na_2C_2O_4$ 标准溶液还原多余的 $KMnO_4$,剩余的 $Na_2C_2O_4$ 再用 $KMnO_4$ 溶液返滴定。根据 $KMnO_4$ 的浓度和水样所消耗的 $KMnO_4$ 溶液体积,计算水样的需氧量。该法适用于污染不十分严重的地面水和河水等的化学需氧量的测定。若水样中 Cl^- 含量较高,可加入 Ag_2SO_4 消除干扰,也可改用碱性高锰酸钾法进行测定。有关反应式为

$$4MnO_4^- + 5C + 12H^+ \rightleftharpoons 4Mn^{2+} + 5CO_2\uparrow + 6H_2O$$

$$2MnO_4^- + 5C_2O_4^{2-} + 16H^+ \rightleftharpoons 2Mn^{2+} + 10CO_2\uparrow + 8H_2O$$

这里,C 泛指水中的还原性物质或需氧物质,主要为有机物。

根据反应的计量关系,可知需氧量的计算式为

$$COD = \frac{\left[\frac{5}{4}c_{MnO_4^-}(V_1+V_2)_{MnO_4^-} - \frac{1}{2}(cV)_{C_2O_4^{2-}}\right]M_{O_2}}{V_{水}}$$

式中:V_1 为第一次加入 $KMnO_4$ 溶液的体积;V_2 为第二次加入 $KMnO_4$ 溶液的体积。

三、仪器和试剂

仪器:50mL 酸式滴定管;250mL 容量瓶;10.00~100.00mL 移液管;250mL 锥形瓶;小量筒;电子分析天平(万分之一);电炉。

试剂:$KMnO_4$ 溶液(0.02mol·L^{-1}),配制及标定方法见实验 9。$KMnO_4$ 溶液(约 0.002mol·L^{-1}):移取 25.00mL 约 0.02mol·L^{-1} $KMnO_4$ 标准溶液于 250mL 容量瓶中,加蒸馏水稀释至刻度,摇匀即可。$Na_2C_2O_4$ 标准溶液(约 0.005mol·L^{-1}):准确称取 0.16~0.18g 在 105℃烘干 2h 并冷却的 $Na_2C_2O_4$ 基准物质,置于小烧杯中,用适量蒸馏水溶解后,定量转移至 250mL 容量瓶中,加蒸馏水稀释至刻度,摇匀。按实际称取质量计算其准确浓度。H_2SO_4 溶液(6mol·L^{-1})。

四、实验步骤

视水质污染程度取水样 10~100mL① 于 250mL 锥形瓶中,加入 5mL 6mol·L^{-1} H_2SO_4 溶液,再用滴定管或移液管准确加入 10.00mL 0.002mol·L^{-1} $KMnO_4$ 标准溶液,然后尽快加热溶液至沸,并准确煮沸 10min(紫红色不应褪去,否则应增加 $KMnO_4$ 溶液的体积)。取下锥形瓶,冷却 1min 后,准确加入 10.00mL 0.005mol·L^{-1} $Na_2C_2O_4$ 标准溶

---

① 水样采集后,应加入 H_2SO_4 使 pH<2,以抑制微生物繁殖。试样尽快分析,必要时在 0~5℃保存,应在 48h 内测定。取水样的量由外观可初步判断:洁净透明的水样取 100mL,污染严重、混浊的水样取 10~30mL,补加蒸馏水至 100mL。

液,充分摇匀(此时溶液应为无色,否则应增加 $Na_2C_2O_4$ 的用量)。趁热用 $0.002\text{mol} \cdot L^{-1}$ $KMnO_4$ 标准溶液滴定至溶液呈微红色,记下 $KMnO_4$ 溶液的体积,如此平行滴定 3 份。

另取 100mL 蒸馏水代替水样进行实验,同样操作,求空白值,计算需氧量时将空白值减去。

五、实验数据记录

表 1 $KMnO_4$ 溶液的标定

编号	1	2	3
$m_{Na_2C_2O_4}$/g			
V_{KMnO_4}/mL			
c_{KMnO_4}/(mol·L^{-1})			
平均浓度/(mol·L^{-1})			
相对偏差/%			
相对平均偏差/%			

表 2 需氧量的测定

编号	1	2	3
$V_{水样}$/mL			
V_{KMnO_4}/mL			
$V_{Na_2C_2O_4}$/mL			
COD 平均值/(mg·L^{-1})			
空白值/(mg·L^{-1})			
校正后的 COD/(mg·L^{-1})			

六、思考题

(1) 水样的采集及保存应当注意哪些事项?
(2) 水样中加入 $KMnO_4$ 溶液煮沸后,若紫红色褪去,说明什么?应怎样处理?
(3) 水样中氯离子的含量高时,为什么对测定有干扰?如何消除?
(4) 水样的化学需氧量的测定有何意义?有哪些方法测定 COD?

实验 11 硫代硫酸钠标准溶液的配制和标定

一、实验目的

(1) 掌握硫代硫酸钠标准溶液的配制方法和使用注意事项。
(2) 了解标定硫代硫酸钠溶液的原理和方法。
(3) 掌握间接碘法的测定条件。

二、实验原理

碘微溶于水而易溶于 KI,在稀的 KI 溶液中溶解得很慢,所以配置 I_2 时不能过早加水

稀释,应先将其与KI混合,用少量水研磨,溶解完全后再稀释。通常用碘酸钾作基准物标定硫代硫酸钠溶液:

$$IO_3^- + 5I^- + 6H^+ \Longrightarrow 3I_2 + 3H_2O$$

析出的碘再用硫代硫酸钠溶液滴定:

$$I_2 + 2S_2O_3^{2-} \Longrightarrow S_4O_6^{2-} + 2I^-$$

这个标定方法是间接碘法的应用。

淀粉在有I^-存在时能与I_2形成蓝色可溶性吸附化合物,使溶液呈蓝色。达到终点时,溶液中的I_2全部与$Na_2S_2O_3$作用,则蓝色消失。淀粉指示剂应在滴定至近终点时加入,否则大量的I_2与淀粉结合成蓝色物质,这一部分I_2较难与$Na_2S_2O_3$发生反应,致使终点提前且难以观察。

三、仪器和试剂

仪器:50mL酸式滴定管;50mL碱式滴定管;小烧杯;250mL锥形瓶(3只);小量筒10mL;玻璃棒;电子分析天平;电炉。

试剂:硫代硫酸钠;碳酸钠;碘化钾10%;淀粉10g/L;碘酸钾(基准物);HCl 6mol/L。

四、实验步骤

1. $0.1mol \cdot L^{-1}$ 硫代硫酸钠溶液的配置

称取$Na_2S_2O_3 \cdot 5H_2O$ 12.5g溶于刚煮沸并冷却的200mL的去离子水中,再加入碳酸钠约0.2g,将溶液稀释至500mL并保存在棕色试剂瓶中,在暗处放置几天后进行标定。

2. 硫代硫酸钠溶液的标定

准确称取基准物KIO_3 0.4~0.5g于烧杯中,加少量水使其溶解,转移到250mL容量瓶中并稀释到刻度,摇匀备用。

用移液管移取KIO_3溶液25.00mL于锥形瓶中,加入10mL 10% KI溶液和$6mol \cdot L^{-1}$ HCl 5mL,并用水稀到100mL摇匀,用硫代硫酸钠溶液滴定到浅黄色。加1mL淀粉,再继续滴到蓝色消失,即为终点。记录消耗硫代硫酸钠溶液体积数,平行测定3次。各次标定结果的相对平均偏差不得大于0.3%,否则重做。(注意:记录好数据,计算出EDTA标准溶液浓度,以便供实验时使用)。

五、实验数据记录

表1 硫代硫酸钠的标定

编号	1	2	3
$Na_2S_2O_3$ 体积终读数			
$Na_2S_2O_3$ 体积初读数			
$V_{Na_2S_2O_3}$/mL			
$c_{Na_2S_2O_3}$/(mol·L^{-1})			

续表

编号	1	2	3
$Na_2S_2O_3$ 浓度平均值			
个别测定的绝对偏差			
相对平均偏差/%			

六、思考题

(1) 配制标定 $Na_2S_2O_3$ 溶液应注意哪些问题？

(2) 标定 $Na_2S_2O_3$ 溶液的基准物质有哪些？本实验中选用什么基准物质为好？为什么？

(3) 淀粉指示剂的用量能否和其他滴定时一样只加几滴？

七、实验注意事项

(1) 应根据实验安排提前配制 $Na_2S_2O_3$ 溶液，放置一周后标定。若实验条件不允许，亦可现配现用，但会使测定误差增大。

(2) I_2 易挥发，因此碘量法实验应采用碘量瓶，亦可在普通锥形瓶上加盖表面皿以防止 I_2 的挥发。

(3) 滴定开始时宜慢摇快滴防止 I_2 的挥发，溶液呈现浅绿色时表示 I_2 已不多，临近终点。

(4) 淀粉指示剂应在临近终点时加入。若加入过早，会有过多的 I_2 与淀粉形成蓝色吸附配合物，此部分 I_2 不易与 $Na_2S_2O_3$ 反应，从而产生测定误差。

(5) I_2 易挥发且过量的 I^- 可能会被空气中的 O_2 氧化，因此必须滴定完一份后再处理下一份试样。

实验 12　铜溶液中铜含量的测定

一、实验目的

(1) 掌握 $Na_2S_2O_3$ 溶液的配制及标定方法。

(2) 了解淀粉指示剂的作用原理。

(3) 了解间接碘量法的测铜原理。

二、实验原理

在弱酸性溶液中(pH 3~4)，Cu^{2+} 与过量的 KI 作用，生成 CuI 沉淀和 I_2，析出的 I_2 可以淀粉为指示剂，用 $Na_2S_2O_3$ 标准溶液滴定。有关反应式为

$$2Cu^{2+} + 4I^- = 2CuI + I_2$$
$$I_2 + 2S_2O_3^{2-} = 2I^- + S_4O_6^{2-}$$

Cu^{2+} 与 I^- 之间的反应是可逆的，任何引起 Cu^{2+} 浓度减小（如形成络合物等）或引起 CuI 溶解度增大的因素均使反应不完全，加入过量 KI，可使 Cu^{2+} 的还原趋于完全。但是，CuI 沉淀强烈吸附 I_3^-，又会使结果偏低。通常的办法是在近终点时加入硫氰酸盐，将 CuI（$K_{sp}=1.1\times10^{-12}$）转化为溶解度更小的 CuSCN 沉淀（$K_{sp}=4.8\times10^{-15}$）。在沉淀的转化过程中，吸附的 I_3^- 被释放出来，从而被 $Na_2S_2O_3$ 溶液滴定，使分析结果的准确度得到提高。

$$CuI + SCN^- \rightleftharpoons CuSCN + I^-$$

硫氰酸盐应在接近终点时加入，否则 SCN^- 会还原大量存在的 I_2，致使测定结果偏低。溶液的 pH 应控制在 3.0~4.0。酸度过低，Cu^{2+} 易水解，使反应不完全，结果偏低，而且反应速率慢，终点拖长；酸度过高，则 I^- 被空气中的氧氧化为 I_2（Cu^{2+} 催化此反应），使结果偏高。

三、仪器和试剂

仪器：50mL 酸式滴定管；50mL 碱式滴定管；小烧杯；250mL 锥形瓶（3 只）；小量筒 10ml；玻璃棒；电子分析天平；电炉。

试剂：KI 溶液（10%）。$Na_2S_2O_3$ 溶液（$0.1mol \cdot L^{-1}$）：称取 25g $CuSO_4 \cdot 5H_2O$ 于烧杯中，加入 300~500mL 新煮沸并冷却的蒸馏水，溶解后，加入约 0.1g Na_2CO_3，用新煮沸且冷却的蒸馏水稀释至 1L，储存于棕色试剂瓶中，在暗处放置 3~5 天后标定。淀粉溶液（$5g \cdot L^{-1}$）：称取 0.5g 可溶性淀粉，加少量的蒸馏水，搅匀，再加入 100mL 沸蒸馏水，搅匀。若需放置，可加入少量 HgI_2 或 H_3BO_3 作防腐剂。KSCN 溶液（10%）。$CuSO_4 \cdot 5H_2O$。$K_2Cr_2O_7$ 标准溶液（$0.01667mol \cdot L^{-1}$）：将基准 $K_2Cr_2O_7$ 在 150~180℃ 烘干 2h，放入干燥器冷却至室温，准确称取 0.6~0.7g $K_2Cr_2O_7$ 于小烧杯中，加蒸馏水溶解后转移至 250mL 容量瓶中，用蒸馏水稀释至刻度，摇匀，计算 $K_2Cr_2O_7$ 的浓度。KIO_3 基准物质。H_2SO_4 溶液（$1mol \cdot L^{-1}$）。HCl 溶液（$6mol \cdot L^{-1}$）。HAc 溶液（$7mol \cdot L^{-1}$）。氨水（$7mol \cdot L^{-1}$）。

四、实验步骤

1. $Na_2S_2O_3$ 溶液的标定

（1）用 $K_2Cr_2O_7$ 标准溶液标定。

准确移取 25.00mL $0.01667mol \cdot L^{-1} K_2Cr_2O_7$ 标准溶液于锥形瓶中，加入 5mL $6mol \cdot L^{-1}$ HCl 溶液、5mL $200g \cdot L^{-1}$ KI 溶液，摇匀，在暗处放置 5min 后（让其反应完全），加入 50mL 蒸馏水，用待标定的 $Na_2S_2O_3$ 溶液滴定至淡黄色，然后加入 3mL $5g \cdot L^{-1}$ 淀粉指示剂，继续滴定至溶液呈现亮绿色即为终点。平行滴定 3 份，计算 $c_{Na_2S_2O_3}$。

（2）用 KIO_3 基准物质标定。

准确称取 $0.8917g KIO_3$ 基准物质于烧杯中，加蒸馏水溶解后，定量转入 250mL 容量瓶中加蒸馏水稀释至刻度，充分摇匀。吸取 25.00mL KIO_3 标准溶液 3 份，分别置于 3 个 250mL 锥形瓶中，各加入 10mL $200g \cdot L^{-1}$ KI 溶液、5mL $1mol \cdot L^{-1}$ H_2SO_4 溶液，加蒸馏水稀释至约 100mL，立即用待标定的 $Na_2S_2O_3$ 溶液滴定至浅黄色，然后再加入 3mL $5g \cdot L^{-1}$ 淀粉溶液，继续滴定至蓝色变为无色即为终点。

2. 铜溶液的配制

欲配制约 $0.5\ mol\cdot L^{-1}$ 硫酸铜溶液,称取五水硫酸铜的质量为 12.60g 放入烧杯中,再用量筒量取 500mL 左右蒸馏水,倒入烧杯中搅匀溶解后,移入 1000ml 的容量瓶中,再将水加满至刻度后摇匀备用。

3. 铜含量的测定

用移液管移取 25.00mL 铜溶液于锥形量瓶中,加入 7mL 10%KI,立即用硫代硫酸钠溶液滴到浅黄色,加入 1mL 淀粉,滴到浅蓝,再加入 5mL 10%KSCN,继续滴到蓝色消失,即为终点(此时溶液为米色 CuSCN 悬浮液),记录体积数,重复两次。

五、实验数据记录

表 1 $Na_2S_2O_3$ 溶液的标定(以 $K_2Cr_2O_7$ 标定为例)

编号	1	2	3
$m_{K_2Cr_2O_7}/g$			
$V_{K_2Cr_2O_7}/mL$			
$c_{K_2Cr_2O_7}/(mol\cdot L^{-1})$			
$V_{Na_2S_2O_3}/mL$			
$c_{Na_2S_2O_3}/(mol\cdot L^{-1})$			
平均浓度 $/(mol\cdot L^{-1})$			
相对偏差/%			
相对平均偏差/%			

表 2 铜溶液中铜含量的测定

编号	1	2	3
$m_{铜}/g$			
$V_{Na_2S_2O_3}/mL$			
Cu 的含量/%			
平均值/%			
相对偏差/%			

六、思考题

(1) 硫酸铜易溶于水,为什么溶解时还要加入硫酸?

(2) 碘量法测铜时,为什么要在弱酸性介质中进行?

第7章

络合滴定实验

实验13　EDTA溶液的标定

一、实验目的

(1) 了解常用金属指示剂及其变色原理。
(2) 掌握EDTA的标定方法。

二、实验原理

EDTA是络合滴定中最常用的滴定试剂,它能与大多数金属离子形成稳定的1:1络合物。但EDTA试剂(常用的为带结晶水的二钠盐)常吸附有少量水分并含有少量其他杂质,因此不能作为基准直接用于配制标准溶液。通常先将EDTA配成接近所需浓度的溶液,然后用基准物质进行标定。

常用于标定EDTA的基准物质有Cu、Zn、Ni、Pb、CuO、$ZnSO_4 \cdot 7H_2O$、$MgSO_4 \cdot 7H_2O$、$CaCO_3$等。当选用金属基准物质标定时,应注意去除金属表面可能存在的氧化膜。一般可先采用细砂纸擦或稀酸溶掉氧化膜,再用蒸馏水、乙醇或丙酮冲洗,于110℃的烘箱中烘几分钟,再置于干燥器中冷却备用。

标定时一般选择铬黑T或二甲酚橙作指示剂。不同指示剂适应的条件有所不同,为了减少误差,选用的标定条件应尽可能与测定待测物的条件一致。滴定过程中溶液中发生的反应如下:

滴定前:M(金属离子)+In(指示剂,乙色)══MIn(显甲色)(省去了所带电荷,下同)

滴定前开始至终点前:M+Y══MY

终点时:MIn(甲色)+Y══MY+In(显乙色)

滴定至溶液由甲色刚好变为乙色,即为终点。

三、仪器和试剂

仪器:50mL酸式滴定管;250mL容量瓶;25.00mL移液管;250mL锥形瓶;小量筒;电子分析天平(万分之一);电炉。

试剂:乙二胺四乙酸二钠盐($Na_2H_2Y \cdot 2H_2O$,相对分子质量372.24)。NH_3-NH_4Cl缓冲溶液:称取20g NH_4Cl,溶于蒸馏水后,加100mL原装氨水,用蒸馏水稀释至1L,pH约等于10。铬黑T($5g \cdot L^{-1}$):称0.50g铬黑T,溶于25mL三乙醇胺与75mL无水乙醇的混合溶液中,低温保存,有效期约 100 天。锌片(纯度为 99.99%)。$CaCO_3$ 基准物质(于 110℃烘箱中干燥 2h,稍冷后置于干燥器中冷却至室温备用)。Mg^{2+}-EDTA 溶液:先配制 $0.05 mol·L^{-1} MgCl_2$ 溶液和 $0.05 mol·L^{-1}$ EDTA 溶液各 500mL,然后在 pH=10 的氨性条件下,以铬黑 T 作指示剂,用上述 EDTA 滴定 Mg^{2+},按所得比例把 $MgCl_2$ 和 EDTA 混合,确保 $n_{Mg}^{2+} : n_{EDTA} = 1:1$。六亚甲基四胺溶液($200 g·L^{-1}$)。二甲酚橙指示剂($2 g·L^{-1}$):低温保存,有效期半年。HCl 溶液(约 $6 mol·L^{-1}$):市售浓 HCl 与蒸馏水等体积混合。氨水(约 $7 mol·L^{-1}$):1 体积市售浓氨水与 1 体积蒸馏水混合。甲基红($1 g·L^{-1}$,60%乙醇溶液)。

四、实验步骤

1. 配制标准溶液和 EDTA 溶液

(1) Ca^{2+} 标准溶液。

准确称取 0.2300~0.2700g 基准 $CaCO_3$ 于 100mL 洗净的烧杯中,加少量蒸馏水润湿 $CaCO_3$,盖上表面皿,从烧杯嘴处往烧杯中滴加约 10mL $6 mol·L^{-1}$ HCl 溶液,加热使 $CaCO_3$ 全部溶解。冷却后用蒸馏水冲洗烧杯内壁和表面皿,将溶液定量转移至 250mL 容量瓶中,用蒸馏水稀释至刻度,摇匀,计算 Ca^{2+} 标准溶液的浓度。

(2) Zn^{2+} 标准溶液。

准确称取 0.1700~0.2200g 基准锌片于干净的 100mL 烧杯中,加入约 4mL $6 mol·L^{-1}$ HCl 溶液,立即盖上表面皿,待锌片完全溶解后,以少量蒸馏水冲洗表面皿,将溶液定量转移至 250mL 容量瓶中,用蒸馏水稀释至刻度,摇匀,计算 Zn^{2+} 标准溶液的浓度。

(3) EDTA 溶液。

在微量天平上称取 1.8~2.0g 乙二胺四乙酸二钠盐于 200mL 烧杯中,加蒸馏水溶解,然后倒入聚乙烯塑料(或玻璃)瓶中,再加入蒸馏水稀释至 500mL 左右,摇匀。

2. 标定 EDTA

(1) 用 Zn^{2+} 标准溶液标定。

用移液管吸取 25.00mL Zn^{2+} 标准溶液于锥形瓶中,加入 1 滴甲基红,在滴加 $7 mol·L^{-1}$ 氨水至溶液由红变黄,以中和溶液中过量的 HCl。然后,加 20mL 蒸馏水、10mL NH_3-NH_4Cl 缓冲溶液、2~3 滴 $5 g·L^{-1}$ 铬黑 T 指示剂,用待标定的 EDTA 溶液滴定至溶液由紫红色刚好变为蓝绿色,记下 EDTA 的体积。如此再重复滴定 2 次(开始可同时取 3 份 Zn^{2+} 标准溶液),取平均值后计算 EDTA 的准确浓度。

用移液管吸取 25.00mL Zn^{2+} 标准溶液于锥形瓶中,加 2 滴 $2 g·L^{-1}$ 二甲酚橙指示剂,滴加 $200 g·L^{-1}$ 六亚甲基四胺溶液呈现稳定的紫红色,再加 5mL 六亚甲基四胺。然后用 EDTA 溶液滴定至溶液由紫红色刚好变为黄色,记下 EDTA 的体积。平行滴定 3 份,计算 EDTA 的准确浓度。

(2) 用 Ca^{2+} 标准溶液标定。

用移液管吸取 25.00mL Zn^{2+} 标准溶液于锥形瓶中,加 1 滴 $1 g·L^{-1}$ 甲基红,再滴加

7mol·L^{-1} 氨水至溶液由红变黄。再加约 20mL 蒸馏水、5mL Mg^{2+}-EDTA 溶液、10mL NH$_3$-NH$_4$Cl 缓冲溶液、2~3 滴 5g·L^{-1} 铬黑 T 指示剂，用待标定的 EDTA 溶液滴定至溶液由酒红色刚好变为蓝绿色，记下消耗 EDTA 的体积。平行滴定 3 次，计算 EDTA 的准确浓度。

五、实验数据记录

表 1　用 Zn^{2+} 标准溶液标定 EDTA（$m_{Zn}=$　　g，铬黑 T 指示剂）

编号	1	2	3
V_{EDTA}/mL			
V_{EDTA} 平均值/mL			
c_{EDTA}/(mol·L^{-1})			

表 2　用 Zn^{2+} 标准溶液标定 EDTA（$m_{Zn}=$　　g，二甲酚橙指示剂）

编号	1	2	3
V_{EDTA}/mL			
V_{EDTA} 平均值/mL			
c_{EDTA}/(mol·L^{-1})			

表 3　用 Ca^{2+} 标准溶液标定 EDTA（$m_{CaCO_3}=$　　g，铬黑 T 指示剂）

编号	1	2	3
V_{EDTA}/mL			
V_{EDTA} 平均值/mL			
c_{EDTA}/(mol·L^{-1})			

六、思考题

(1) 在中和标准溶液中的 HCl 时，能否用酚酞代替甲基红来指示？为什么？
(2) 简述 Mg^{2+}-EDTA 提高终点敏锐度的原理。
(3) 滴定为什么要在缓冲溶液中进行？

实验 14　自来水硬度的测定

一、实验目的

(1) 学会用络合滴定法测定水硬度。
(2) 了解水硬度的含义及其测定的实际意义。

二、实验原理

水硬度分为水的总硬度和钙、镁硬度两种，前者是 Ca^{2+}，Mg^{2+} 总量，后者则分别为 Ca^{2+} 和 Mg^{2+} 的含量。用 EDTA 络合滴定法测定水的硬度时，可在 pH=10 的缓冲溶液中,以铬黑 T 为指示剂,用三乙醇胺掩蔽水中的 Fe^{3+},Al^{3+},Cu^{2+},Pb^{2+},Zn^{2+} 等共存离子,再用 EDTA 直接滴定水中的 Ca^{2+},Mg^{2+} 的总量。其计算式为:

$$水的总硬度 = CV_{EDTA}M_{CaCO_3}/V_{水样}$$

在测定 Ca^{2+} 时,先用 NaOH 溶液调节溶液的 pH 为 12～13,使 Mg^{2+} 转变成 $Mg(OH)_2$ 沉淀。在加入钙指示剂,用 EDTA 滴定至溶液由钙指示剂——Ca^{2+} 络合物的红色变成钙指示剂的蓝色,即为终点。根据用去的 EDTA 的量计算 Ca^{2+} 的浓度,从相同水样的 Ca^{2+},Mg^{2+} 总量中减去 Ca^{2+} 的量,即得 Mg^{2+} 的量。

需要注意的是,在滴定水中的 Ca^{2+},Mg^{2+} 总量时,若水中 Mg^{2+} 的浓度很小,则需在滴定前向水样中加入少量 Mg^{2+}-EDTA 溶液,以提高滴定终点颜色变化的灵敏度。

各国表示水硬度的方法不尽相同,表 1 为一些国家水硬度的换算关系。我国采用 $mmol(CaCO_3) \cdot L^{-1}$ 或 $mg(CaCO_3) \cdot L^{-1}$ 为单位表示水的硬度。

表 1　各国硬度单位换算表

硬 度 单 位	$mmol \cdot L^{-1}$	德国硬度	法国硬度	英国硬度	美国硬度
$1 mmol \cdot L^{-1}$	1.00000	2.8040	5.0050	3.5110	50.050
1 德国硬度	0.35663	1.0000	1.7848	1.2521	17.848
1 法国硬度	0.19982	0.5603	1.0000	0.7015	10.000
1 英国硬度	0.28483	0.7987	1.4255	1.0000	14.255
1 美国硬度	0.01998	0.0560	0.1000	0.0702	1.000

三、仪器和试剂

仪器:50mL 酸式滴定管;250mL 容量瓶;100.00mL 移液管;250mL 锥形瓶;小量筒;电子分析天平(万分之一);电炉。

试剂:EDTA 溶液($0.01mol \cdot L^{-1}$):配制方法同前,下同。NH_3-NH_4Cl 缓冲溶液。Mg^{2+}-EDTA 溶液。铬黑 T 指示剂($5g \cdot L^{-1}$)。三乙醇胺溶液($200g \cdot L^{-1}$)。Na_2S 溶液($20g \cdot L^{-1}$)。HCl 溶液(约 $6mol \cdot L^{-1}$)。钙指示剂(约 $0.05g \cdot L^{-1}$):配制方法同铬黑 T 指示剂。

四、实验步骤

1. EDTA 溶液的标定

参见实验 13。

2. 自来水总硬度的测定

取一干净的大烧杯或试剂瓶接自来水 500～1000mL,用移液管移取 100.00mL 自来水于 250mL 锥形瓶中①,加入 3mL $200g \cdot L^{-1}$ 三乙醇胺溶液、5mL NH_3-NH_4Cl 缓冲溶液、

---

① 若水样中含有较多 CO_2 和重金属离子,可先加入 1～2 滴 HCl 溶液使水样酸化,煮沸数分钟以除去 CO_2。冷却后,再加 1mL Na_2S 溶液以掩蔽重金属离子。

2～3 滴 $5g \cdot L^{-1}$ 铬黑 T 指示剂,用 $0.01 mol \cdot L^{-1}$ EDTA 标准溶液滴定至溶液刚好由红色变为蓝色,记下读数。平行滴定 3 份,计算水样的总硬度,以 $x mg(CaCO_3) \cdot L^{-1}$ 表示结果。

3. Ca^{2+} 的测定

用移液管移取 100.00mL 自来水于 250mL 锥形瓶中,加 2mL $6mol \cdot L^{-1}$ NaOH 溶液(若沉淀较多,可加蒸馏水稀释)、4～5 滴 $0.5g \cdot L^{-1}$ 钙指示剂(或固体钙指示剂适量),用 $0.01 mol \cdot L^{-1}$ EDTA 标准溶液滴定到溶液变成蓝色,记下 EDTA 体积。再重复滴定 2 次,计算 Ca^{2+} 的浓度,进而计算 Mg^{2+} 的浓度。

五、实验数据记录

表 2　标定 EDTA 溶液($m_{基准}=$　g)

编号	1	2	3
V_{EDTA}/mL			
V_{EDTA} 平均值/mL			
c_{EDTA}/(mol·L^{-1})			

表 3　自来水总硬度测定($V_{水样}=$　mL)

编号	1	2	3
V_{EDTA}/mL			
V_{EDTA} 平均值/mL			
水样总硬度/[mg(CaCO$_3$)·L^{-1}]			

表 4　Ca^{2+} 的测定($V_{水样}=$　mL)

编号	1	2	3
V_{EDTA}/mL			
V_{EDTA} 平均值/mL			
$c_{Ca^{2+}}$/(mmol·L^{-1})			
$c_{Mg^{2+}}$/(mmol·L^{-1})			

六、思考题

(1) 本实验中最好采用哪种基准物质来标定 EDTA,为什么?

(2) 在测定水的硬度时,先于 3 个锥形瓶中加水样,在加 NH_3-NH_4Cl 缓冲液、三乙醇胺溶液、铬黑 T 指示剂,然后用 EDTA 溶液滴定,结果会怎样?

实验 15　铅、铋混合液中铅、铋含量的连续测定

一、实验目的

(1) 掌握通过控制溶液的酸度来进行多种金属离子连续滴定的络合滴定方法和原理。

(2) 熟悉二甲酚橙指示剂的应用。

(3) 了解酸度对 EDTA 选择性的影响。

二、实验原理

Bi^{3+}，Pb^{2+} 均能与 EDTA 形成稳定的 1∶1 络合物，其稳定性又有相当大的差别，它们的 lgK 值分别为 27.94 和 18.04，故可利用 EDTA 的酸效应，在不同酸度下进行分别滴定。在 pH 为 1 左右时可滴定 Bi^{3+}，在 pH 为 5~6 时滴定 Pb^{2+}。

在测定中，均以二甲酚橙为指示剂。二甲酚橙属于三苯甲烷指示剂，易溶于水，它有 7 级酸式离解，其中 H_7In 至 H_3In^{4-} 呈黄色，H_2In^{5-} 至 H_2In^{7-} 呈红色。所以它在溶液中的颜色随酸度而变，在溶液 pH<6.3 时呈黄色，pH>6.3 时呈红色。二甲酚橙与 Bi^{3+}，Pb^{2+} 的络合物呈紫红色，它们的稳定性与 Bi^{3+}，Pb^{2+} 和 EDTA 所形成络合物的相比要弱一些。

因此，先调节溶液的酸度至 pH 为 1 左右，以二甲酚橙为指示剂，用 EDTA 标液滴定 Bi^{3+}，当溶液由紫红色变为黄色，即为滴定 Bi^{3+} 的终点。在此 pH 下，Bi^{3+} 与指示剂形成紫红色络合物，但 Pb^{2+} 不与二甲酚橙显色。

在滴定 Bi^{3+} 后的溶液中，加入六亚甲基四胺溶液，调节溶液 pH 为 5~6。此时 Pb^{2+} 与二甲酚橙形成紫红色络合物，溶液再次呈现紫红色，然后用 EDTA 标液继续滴定，当溶液由紫红色变为黄色时，即为滴定 Pb^{2+} 的终点。

三、仪器和试剂

仪器：50mL 酸式滴定管；250mL 容量瓶；25.00mL 移液管；250mL 锥形瓶；小量筒；电子分析天平（万分之一）。

试剂：EDTA 溶液（0.01~0.015mol·L^{-1}）。二甲酚橙指示剂（2g·L^{-1}）。六亚甲基四胺溶液（200g·L^{-1}）。HCl 溶液（6mol·L^{-1}）。Bi^{3+}，Pb^{2+} 混合液（含 Bi^{3+}，Pb^{2+} 各约 0.01mol·L^{-1}）：称取 49g $Bi(NO_3)_3·5H_2O$，33g $Pb(NO_3)_2$，将它们加入盛有 312mL HNO_3 的烧杯中，在电炉上微热溶解后，稀释至 10L。浓 HNO_3 溶液。

四、实验步骤

1. EDTA 溶液的标定

参见实验 13。

2. Bi^{3+}，Pb^{2+} 混合液的测定

用移液管移取 25.00mL Bi^{3+}-Pb^{2+} 混合液 3 份于 250mL 锥形瓶中，各加 1~2 滴 2g·L^{-1} 二甲酚橙指示剂，用上述 EDTA 标准溶液滴定至由紫红色变为黄色。平行滴定 3 份，记下 EDTA 的体积，计算混合液中 Bi^{3+} 的含量（以 g·L^{-1} 表示）。

向滴定 Bi^{3+} 后的溶液中滴加 200g·L^{-1} 六亚甲基四胺溶液至呈现稳定的紫红色，再多加入 5mL，此时溶液的 pH 为 5~6。然后用 EDTA 标准溶液滴定，当溶液由紫红色变为黄色，即为滴定 Pb^{2+} 的终点。根据消耗的 EDTA 的体积计算混合液中 Pb^{2+} 的含量（以

g·L^{-1} 表示）。如此平行滴定 3 份，计算平均值。

五、实验数据记录

表 1 标定 EDTA 溶液（$m_{基准}=$ g）

编号	1	2	3	4
V_{EDTA}/mL				
V_{EDTA} 平均值/mL				
c_{EDTA}/(mol·L^{-1})				

表 2 Bi^{3+},Pb^{2+} 混合液的测定

编号	1	2	3
V_{EDTA}/mL（滴定 Bi^{3+}）			
V_{EDTA} 平均值/mL			
$c_{Bi^{2+}}$/(g·L^{-1})			
V_{EDTA}/mL（滴定 Pb^{2+}）			
V_{EDTA} 平均值/mL			
$c_{Pb^{2+}}$/(g·L^{-1})			

六、思考题

(1) 滴定 Bi^{3+},Pb^{2+} 时溶液酸度各控制在什么范围？怎样调节？为什么？

(2) 能否在同一份试液中先滴定 Pb^{2+}，而后滴定 Bi^{3+}。

(3) 为什么不用 NaOH,NaAc 或 $NH_3·H_2O$，而用六亚甲基四胺调节至 pH 5~6？

第8章

沉淀滴定与重量分析实验

实验16　莫尔法测定可溶性氯化物中氯含量

一、实验目的

（1）学习配制和标定 $AgNO_3$ 标准溶液。
（2）掌握莫尔法滴定的原理和实验操作。

二、实验原理

某些可溶性氯化物中氯含量的测定可采用莫尔法。此法是在中性或弱碱性溶液中，以 K_2CrO_4 为指示剂，用 $AgNO_3$ 标准溶液进行滴定。由于 AgCl 沉淀的溶解度比 Ag_2CrO_4 小，因此，溶液中首先析出 AgCl 沉淀。当 AgCl 定量沉淀后，过量的 $AgNO_3$ 溶液即与 CrO_4^{2-} 生成砖红色 Ag_2CrO_4 沉淀，指示达到终点。反应式如下：

$$Ag^+ + Cl^- = AgCl\downarrow \qquad K_{sp}=1.8\times10^{-10}$$
$$2Ag^+ + CrO_4^{2-} = Ag_2CrO_4\downarrow \qquad K_{sp}=2.0\times10^{-12}$$

滴定必须在中性或弱碱性溶液中进行，最适宜的 pH 范围为 6.5~10.5。如果有铵盐存在，溶液的 pH 需控制在 6.5~7.2。

指示剂的用量对滴定有影响，一般以 $5\times10^{-3}\,mol\cdot L^{-1}$ 为宜（指示剂必须定量加入）。溶液较稀时，须作指示剂的空白校正。凡是能与 Ag^+ 生成难溶性化合物或络合物的阴离子都干扰测定，如 PO_4^{3-}，AsO_4^{3-}，SO_3^{2-}，S^{2-}，CO_3^{2-}，$C_2O_4^{2-}$ 等。其中 H_2S 可加热煮沸除去，将 SO_3^{2-} 氧化成 SO_4^{2-} 后就不再干扰测定。大量 Cu^{2+}，Ni^{2+}，Co^{2+} 等有色离子将影响终点观察。凡是能与 CrO_4^{2-} 指示剂生成难溶化合物的阳离子也干扰测定，如 Ba^{2+}，Pb^{2+} 能与 CrO_4^{2-} 分别生成 $BaCrO_4$，$PbCrO_4$ 沉淀。Ba^{2+} 的干扰可通过加入过量的 Na_2SO_4 消除。Al^{3+}，Fe^{3+}，Bi^{3+}，Sn^{4+} 等高价金属离子因在中性或弱碱性溶液中易水解产生沉淀，也会干扰测定。

三、仪器和试剂

仪器：50mL 酸式滴定管；250mL 容量瓶；1.00mL 移液管；25.00mL 移液管；250mL 锥形瓶；小量筒；电子分析天平（万分之一）；电炉；高温炉；瓷坩埚。

试剂：NaCl 基准试剂：在 500~600℃ 高温炉中灼烧 0.5h 后，置于干燥器中冷却。也可将 NaCl 置于带盖的瓷坩埚中,加热,并不断搅拌,待爆炸声停止后,继续加热 15min,将坩埚放入干燥器中冷却后使用。AgNO$_3$ 溶液(0.1mol·L^{-1}):称取 8.5gAgNO$_3$ 溶解于 500mL 不含 Cl$^-$ 的蒸馏水中,将溶液转入棕色试剂瓶中,置暗处保存,以防止光照分解。K$_2$CrO$_4$ 溶液(50g·L^{-1})。NaCl 试样。

四、实验步骤

1. AgNO$_3$ 溶液的标定

准确称取 0.5～0.65g NaCl 基准物于小烧杯中。用蒸馏水溶解后,定量转入 100mL 容量瓶中,以蒸馏水稀释至刻度,摇匀。

用移液管移取 25.00mL NaCl 溶液于 250mL 锥形瓶中,加入 25mL 蒸馏水(沉淀滴定中,为减少沉淀对被测离子的吸附,一般滴定的体积以大些为好,故需加蒸馏水稀释试液),用吸量管加入 1mL 50g·L^{-1} K$_2$CrO$_4$ 溶液,在不断摇动条件下,用待标定的 AgNO$_3$ 溶液滴定呈现砖红色即为终点(银为贵金属,含 AgCl 的废液应回收处理)。平行标定 3 份,根据 AgNO$_3$ 溶液的体积和 NaCl 的质量,计算 AgNO$_3$ 溶液的浓度。

2. 试样分析

准确称取 2g NaCl 试样于烧杯中,加蒸馏水溶解后,定量转入 250mL 容量瓶中,以蒸馏水稀释至刻度,摇匀。用移液管移取 25.00mL 试液于 250mL 锥形瓶中,加入 25mL 蒸馏水,用 1mL 吸量管加入 1mL 50g·L^{-1} K$_2$CrO$_4$ 溶液,在不断摇动条件下,用 AgNO$_3$ 标准溶液滴定至溶液出现砖红色即为终点。平行测定 3 份,计算试样中氯的含量。

3. 空白试验

取 1mL K$_2$CrO$_4$ 指示剂溶液,加入适量蒸馏水,然后加入无 Cl$^-$ 的 CaCO$_3$ 固体(相当于滴定时 AgCl 的沉淀量),制成相似于实际滴定的浑浊溶液。逐渐滴入 AgNO$_3$ 标准溶液,至与终点颜色相同为止,记录读数,从滴定试液所消耗的 AgNO$_3$ 体积中扣除此读数。

实验完毕后,将装 AgNO$_3$ 溶液的滴定管先用蒸馏水冲洗 2～3 次后,再用自来水洗净,以免 AgCl 残留于管内。

五、实验数据记录

表 1 AgNO$_3$ 溶液的标定

编号	1	2	3
$m_{\text{NaCl 基准}}$/g			
$V_{\text{NaCl 基准}}$/mL			
V_{AgNO_3}/mL			
c_{AgNO_3}/(mol·L^{-1})			
平均浓度/(mol·L^{-1})			
相对偏差/%			
相对平均偏差/%			

表 2　氯含量的测定

编号	1	2	3
$m_{NaCl试样}$/g			
$V_{NaCl试样}$/mL			
V_{AgNO_3}/mL			
平均体积/mL			
空白值/mL			
试样中氯的含量/%			

六、思考题

(1) 莫尔法测氯时,为什么溶液的 pH 需控制在 6.5~10.5?

(2) 以 K_2CrO_4 为指示剂,指示剂的浓度过大或过小对测定有何影响?

(3) 用莫尔法测定"酸性光亮镀铜液"(主要成分为 $CuSO_4$ 和 H_2SO_4)中的氯含量时,试液应做哪些预处理?

实验 17　佛尔哈德法测定可溶性氯化物中氯含量

一、实验目的

(1) 学习 NH_4SCN 标准溶液的配制和标定。

(2) 掌握用佛尔哈德法测定可溶性氯化物中氯含量的原理。

二、实验原理

在含 Cl^- 的酸性试液中,加入一定量且过量的 Ag^+ 标准溶液,定量生成 AgCl 沉淀后,过量 Ag^+ 以铁铵矾为指示剂,用 NH_4SCN 标准溶液返滴定,由 $Fe(SCN)^{2+}$ 络离子的红色来指示滴定终点。反应式如下:

$$Ag^+ + Cl^- =\!= AgCl \downarrow (白色) \qquad K_{sp} = 1.8 \times 10^{-10}$$

$$Ag^+ + SCN^- =\!= AgSCN \downarrow (白色) \qquad K_{sp} = 1.0 \times 10^{-12}$$

$$Fe^{3+} + SCN^- =\!= Fe(SCN)^{2+} (红色) \qquad K_1 = 138$$

指示剂用量大小对滴定有影响,一般控制 Fe^{3+} 的浓度为 $0.015 mol \cdot L^{-1}$ 为宜。滴定时,控制氢离子浓度为 $0.1 \sim 1 mol \cdot L^{-1}$,剧烈摇动溶液,并加入硝基苯(有毒)或石油醚保护 AgCl 沉淀,使其与溶液隔开,防止 AgCl 沉淀与 SCN^- 发生置换反应而消耗滴定剂。

能与 SCN^- 生成沉淀或生成络合物,或能氧化 SCN^- 的物质均有干扰。PO_4^{3-},AsO_4^{3-},$C_2O_4^{2-}$ 等离子,由于酸效应的作用不影响测定。

佛尔哈德法常用于直接测定银合金和矿石中的银的含量。

三、仪器和试剂

仪器：50mL 酸式滴定管；250mL 容量瓶；1.00mL 移液管；25.00mL 移液管；250mL 锥形瓶；小量筒；电子分析天平（万分之一）；电炉。

试剂：$AgNO_3$ 溶液($0.1mol \cdot L^{-1}$)。NH_4SCN 溶液($0.1mol \cdot L^{-1}$)：称取 3.8g NH_4SCN，用 500mL 蒸馏水溶解后转入试剂瓶中。铁铵矾指示剂（$400g \cdot L^{-1}$）。HNO_3 溶液：($8mol \cdot L^{-1}$)若含有氮的氧化物而成黄色时，应煮沸去除氮化合物。硝基苯。NaCl 试样。

四、实验步骤

1. $0.1mol \cdot L^{-1}$ $AgNO_3$ 溶液的标定

参见实验 16。

2. NH_4SCN 溶液的标定

用移液管移取 25.00mL $0.1mol \cdot L^{-1}$ $AgNO_3$ 标准溶液于 250mL 锥形瓶中，加入 5mL($8mol \cdot L^{-1}$)HNO_3 溶液、1mL $400g \cdot L^{-1}$ 铁铵矾指示剂，然后用待标定的 NH_4SCN 溶液滴定。滴定时，剧烈振荡溶液，当滴至溶液颜色稳定为淡红色即为终点。平行标定 3 份，计算 NH_4SCN 溶液浓度。

3. 试样分析

准确称取约 2g NaCl 试样于 50mL 烧杯中，加蒸馏水溶解后，定量转入 250mL 容量瓶中，稀释至刻度，摇匀。

用移液管移取 25.00mL 试液于 250mL 锥形瓶中，加入 25mL 蒸馏水、5mL($8mol \cdot L^{-1}$)HNO_3 溶液，用滴定管加入 $0.1mol \cdot L^{-1}$ $AgNO_3$ 标准溶液至过量 5~10mL（加入 $AgNO_3$ 溶液时，生成白色 AgCl 沉淀，接近计量点时，AgCl 要凝聚，振荡溶液，再让其静置片刻，使沉淀沉降，然后加入几滴 $AgNO_3$ 到清液层。如不生成沉淀，说明 $AgNO_3$ 已过量，这时，再适当过量 5~10mL $AgNO_3$ 溶液即可）。然后加入 2mL 硝基苯，用橡胶塞塞住瓶口，剧烈振荡 30s，使 AgCl 沉淀进入硝基苯层而与溶液隔开。再加入 1.0mL $400g \cdot L^{-1}$ 铁铵矾指示剂，用 NH_4SCN 标准溶液滴至出现 $Fe(SCN)^{2+}$ 络合物的淡红色稳定不变时即为终点。平行测定 3 份，计算 NaCl 试样中氯的含量。

五、实验数据记录

表 1　$0.1mol \cdot L^{-1}$ $AgNO_3$ 溶液的标定

参见实验 16。

表 2　$0.1mol \cdot L^{-1}$ NH_4SCN 溶液的标定

编号	1	2	3
V_{AgNO_3}/mL			
V_{NH_4SCN}/mL			

续表

编号	1	2	3
c_{NH_4SCN}/(mol·L^{-1})			
平均浓度/(mol·L^{-1})			
相对偏差/%			

表 3　氯含量的测定

编号	1	2	3
$m_{NaCl试样}$/g			
$V_{NaCl试样}$/mL			
V_{AgNO_3}/mL			
V_{NH_4SCN}/mL			
试样中氯的含量/%			
平均值/%			
相对偏差/%			

六、思考题

(1) 佛尔哈德法测氯时,为什么要加入石油醚或硝基苯?当用此法测定 Br^-,I^- 时,还需要加入石油醚或硝基苯吗?

(2) 试讨论酸度对佛尔哈德法测定卤素离子含量的影响。

(3) 本实验溶液为什么用 HNO_3 酸化?可否用 HCl 溶液或 H_2SO_4 酸化?为什么?

实验 18　葡萄糖干燥失重实验

一、实验目的

(1) 通过本实验进一步巩固分析天平的称量操作。

(2) 掌握干燥失重的测定方法。

(3) 明确恒重的意义。

二、实验原理

挥发重量法简称挥发法,是根据试样中待测组分具有挥发性或可转化为挥发性物质,利用加热或其他方法使挥发性组分气化逸出或用适宜已知重量的吸收剂吸收至恒重,称量试样减失的重量或吸收剂增加的重量,计算该组分含量的方法。"恒重"系指试样连续两次干燥或灼烧后称得的重量之差不超过规定的范围(药典凡例规定两次重量差在 0.3mg 以下)。本实验应用挥发重量法,将试样加热,使其中水分及挥发性物质逸去,再称出试样减失后的重量。

三、仪器和试剂

仪器：分析天平；干燥器；称量瓶；研钵。

试剂：葡萄糖试样。

四、实验步骤

1. 称量瓶的干燥恒重

将洗涤的称量瓶打开瓶盖置于恒温干燥器中，于105℃进行干燥，取出称量瓶，加盖，置于普通干燥器中冷却(约30min)至室温，精密称定质量至恒重。

2. 试样干燥失重的测定

混合均匀的试样1g(若试样结晶较大，应先迅速捣碎使成2mm以下的颗粒)，平铺于已恒重的称量瓶中，厚度不超过5mm，加盖，精确称量质量，置干燥箱中，开瓶盖，逐渐升温，并于105℃干燥，直至恒重。平行测定3次。

五、实验数据处理

$$葡萄糖干燥失重(\%) = \frac{s-w}{s} \times 100\%$$

式中：s 为干燥前试样质量；w 为干燥后试样质量。

表1 葡萄糖干燥失重实验数据

平行测定次数	1	2	3
称量瓶恒重/g			
(试样＋称量瓶)质量/g			
试样质量/g			
烘干后恒重(试样＋称量瓶)质量/g			
葡萄糖干燥失重/g			
葡萄糖干燥失重/%			
绝对偏差			
相对偏差/%			

六、注意事项

(1) 试样在干燥器中冷却时间每次应相同。

(2) 称量应迅速，以免干燥的试样或器皿在空气中露置久后吸潮而不易达恒重。

(3) 葡萄糖受热温度较高时可能融化于吸湿水及结晶水中，因此测定本品干燥失重时，宜先于较低温度(60℃左右)干燥一段时间，使大部分水分挥发后再在105℃下干燥至恒重。

七、思考题

（1）什么叫干燥失重？加热干燥适宜于哪些药物的测定？

（2）什么叫恒重？影响恒重的因素有哪些？恒重时，几次称量数据哪一次为真实的质量？

实验 19　植物或肥料中钾含量的测定

一、实验目的

（1）了解植物试样及肥料试样溶液的制备方法。

（2）学习以四苯硼钠为沉淀剂测定 K^+ 含量的重量分析法。

二、实验原理

植物或肥料经处理后，取一定量的溶液，加入四苯硼钠试剂，使其产生四苯硼钾沉淀，反应式如下：

$$Na[B(C_6H_5)_4] + K^+ \rightleftharpoons K[B(C_6H_5)_4] \downarrow + Na^+$$

所得 $K[B(C_6H_5)_4]$ 沉淀具有溶解度小，热稳定性较好等优点。沉淀生成后，经过一系列处理，称量，换算成 K_2O 的质量。四苯硼钾沉淀在碱性介质中进行，铵离子的干扰可用甲醛掩蔽，金属离子的干扰可用乙二胺四乙酸二钠掩蔽。

三、仪器和试剂

仪器：100mL 容量瓶；瓷蒸发皿；250mL 烧杯；小量筒；表面皿；G4 砂芯坩埚；烘箱；抽滤设备；电子分析天平（万分之一）；电炉。

试剂：甲醛溶液（250g·L^{-1}）；乙二胺四乙酸二钠溶液（0.1mol·L^{-1}）；酚酞指示剂（10g·L^{-1}）；NaOH 溶液（20g·L^{-1}）；四苯硼钾饱和溶液：过滤至清亮为止。四苯硼钠溶液（0.1mol·L^{-1}）：称取四苯硼钠 3.3g，溶于 100mL 蒸馏水中，加入 Al(OH)$_3$ 1g，搅匀，放置过夜，反复过滤至清亮为止。HCl 溶液（浓，2mol·L^{-1}）；HNO$_3$ 溶液（1mol·L^{-1}）。

四、实验步骤

1. 植物或肥料溶液的制备

（1）植物试样溶液的制备。

准备称取 1g 植物试样，置于瓷蒸发皿或瓷坩埚内，在 400～450℃ 高温电炉中灰化 4～5h（使糖类分解挥发），将试样冷却至室温，加入 15mL 1mol·L^{-1} HNO$_3$ 溶液，放在沙浴上蒸发至干。再放进 450℃ 的高温炉中，继续灼烧 20min，使试样灰化更完全。灼烧完毕冷却至室温，加入 10mL 2mol·L^{-1} HCl 溶液，转动坩埚使 HCl 溶液充分接触灰分，再加 10mL 蒸馏水，放在沙浴上温热 20min（低温加热，不使溶液沸腾），冷却，将坩埚内溶液及不溶物用定量滤纸滤于 100mL 容量瓶中,残渣用酸化蒸馏水(1L 蒸馏水中加 2mL 浓 HCl 溶液)洗涤 5~6 次,洗涤液合并于同一容量瓶中,用蒸馏水稀释至刻度,摇匀,作测定钾用。

(2) 肥料试样溶液的制备。

准确称取约 0.5g 无机肥料于 250mL 烧杯中,加入蒸馏水 20~30mL 和 5~6 滴浓 HCl 溶液,盖上表面皿,低温煮沸 10min,冷却后,将杯内残渣及溶液过滤于 100mL 容量瓶中,用热蒸馏水洗涤烧杯内壁 5~6 次,滤液转入同一容量瓶中,以蒸馏水稀释至刻度,摇匀备用。

2. 测定方法

准确移取 10~25mL 植物或肥料制备液(根据试样中钾含量而定)于 250mL 烧杯中,加入 5mL 25g·L^{-1} 甲醛溶液和 10mL 0.1mol·L^{-1} 乙二胺四乙酸二钠溶液,搅匀后,加入 2 滴 10g·L^{-1} 酚酞指示剂,用 20g·L^{-1} NaOH 溶液滴定至溶液呈淡红色为止。加热至 40℃,逐滴加入 5mL 0.1mol·L^{-1} 四苯硼钠溶液,并搅拌 2~3min,静置 30min 后,用已恒重的 G4 砂芯坩埚过滤,用四苯硼钾饱和溶液洗涤 2~3 次,最后用蒸馏水洗涤 3~4 次(每次约 5mL),抽滤至干。将坩埚置于干燥箱(或烘箱)中,120℃ 干燥 1h 后放入干燥器中,冷却后称量,再烘干,冷却,称量,直至恒重。根据四苯硼钾沉淀的质量,计算植物或肥料中 K_2O 质量分数。

五、实验数据记录

表 1 K_2O 含量的测定

编号	1	2
$M_{含K试样}$/g		
m_1(空坩埚)/g		
m_2(空坩埚+烘干的试样)/g		
(m_2-m_1)/g		
试样中 K(以 K_2O 计)的质量分数/%		
质量分数平均值/%		

六、思考题

(1) 在加入四苯硼钠溶液之前为什么加入 NaOH 溶液?

(2) 在测定过程中为什么要加入甲醛和乙二胺四乙酸二钠溶液?

(3) 为什么要用四苯硼钾饱和溶液洗涤沉淀?

第 9 章

分光光度法实验

实验 20　分光光度法基础实验

一、预习题目

（1）分光光度法的基本原理是什么？
（2）朗伯-比耳定律的主要内容及表达式是什么？
（3）什么叫吸收光谱曲线？它有什么用途？

二、实验目的

（1）复习分光光度法的理论知识。
（2）了解掌握 721 型分光光度计的结构和使用。
（3）学会测绘吸收光谱曲线。
（4）学会仪器的波长读数校正。

三、实验原理

仪器在工作几个月或搬动后，其波长读数有可能改变，所以我们必须对波长读数进行定期校正。波长读数校正方法很多，可用波长精度很高的干涉滤光片或已知 λ_{max} 的有色物质的溶液等做标准来校正。前一种方法需要特殊的设备，精确度较高；后一种方法简易可行，精确度较差。本实验采用有色溶液校正波长的方法。配制一已知 λ_{max} 的物质的适当浓度的溶液，用待校正的仪器在该物质($\lambda_{max} \pm 50$)nm 范围内，测不同波长下 A 值，绘出吸收光谱曲线，找到 λ'_{max}，该台仪器波长读数校正值 $\lambda_{校} = \lambda_{max} - \lambda'_{max}$。若 $\lambda_{校}$ 很大，则需调整灯泡或单色器的光学系统，若 $\lambda_{校}$ 的绝对值小于 10nm，则可在使用该仪器时，用校正值来校正波长读数，即 $\lambda_{读} = \lambda_{测} - \lambda_{校}$。

四、仪器和试剂

仪器：721 或 721E 型分光光度计；比色皿(1cm)。
试剂：0.004% $KMnO_4$ 溶液。

五、实验步骤

（1）熟悉仪器的组成、结构、各部件名称及作用，弄懂仪器的工作原理；熟悉仪器的《操作规程》和《维护与保养》及注意事项。

(2) 绘制高锰酸钾溶液的吸收光谱曲线。

(3) 对自己所用仪器波长读数进行校正。

六、实验数据处理

1. 吸收光谱曲线绘制

波长/nm	
A	

2. 波长读数校正

$$\lambda_{校} = \lambda_{max} - \lambda'_{max}$$

七、问题讨论

(1) 用自己的语言简述 721 型分光光度计的操作步骤以及注意事项。

(2) 为什么用参比溶液来调节仪器的零点？

(3) 你所绘制的吸收光谱曲线是一条直线吗？为什么？

(4) 已知某台仪器的波长校正值 $\lambda_{校}$ 为 -7nm，现在我们用这台分光光度计测定磷钒钼酸，应选波长 $\lambda_{测}$ 为 355nm，那么波长读数标尺应旋至多少？

(5) 为什么每改变入射光的波长均要用参比溶液重新调一次"0"和"100"，然后才能测试液的吸光度？

实验 21 邻二氮菲分光光度法测定水中微量的铁

一、预习题目

(1) 什么叫显色反应？影响显色反应的因素都有哪些？

(2) 选择显色反应的一般标准是什么？

(3) 如何选择参比溶液？

二、实验目的

(1) 巩固 721 型分光光度计的使用。

(2) 掌握利用显色反应测定微量组分的方法。

(3) 学会分光光度法进行定量分析时确定实验条件的方法。

(4) 掌握利用标准曲线进行微量组份测定的基本方法。

三、实验原理

在可见分光光度测定中,通常是将被测物质与显色剂反应,使之生成有色物质。然后测其吸光度,进而求得被测物质的含量。因此显色反应的完全程度影响到测定结果的准确性。显色反应的完全程度取决于介质的酸度、显色剂的用量、反应的温度和反应时间等因素。所以在建立分析方法时,不但要找到合适的显色剂,而且必须通过实验确定最佳反应条件。

本实验以邻二氮菲为显色剂测定水中铁,邻二氮菲也称邻菲罗啉(phen),在 pH 2~9 的介质中,与 Fe^{2+} 反应生成稳定的橘红色配合物:

其中 $\lg\beta_3=21.3$,最大吸收波长为 510nm,摩尔吸收系数 $\varepsilon_{510}=1.1\times10^4 L\cdot cm^{-1}\cdot mol^{-1}$,利用上述反应可测定微量铁。

当铁以 Fe^{3+} 形式存在于溶液中,可用还原剂(盐酸羟胺或抗坏血酸等)将其还原为 Fe^{2+},反应式为

$$4Fe^{3+} + 2NH_2OH \longrightarrow 4Fe^{2+} + N_2O + H_2O + 4H^+$$

该法选择性高,40 倍含铁量的 Sn^{2+}、Al^{3+}、Ca^{2+}、Zn^{2+}、Mg^{2+}、SiO_3^{2-}、20 倍 Cr^{3+}、Mn^{2+}、PO_4^{3-}、5 倍的 Co^{2+}、Cu^{2+} 等均不干扰测定。

四、仪器和试剂

仪器:721 或 721E 型分光光度计;50mL 比色管(或 50mL 容量瓶)12 只;pH 计(也可用 pH 试纸)。

试剂:铁标准溶液(10μg/mL):准确称取 0.0703g(A·R)$(NH_4)_2Fe(SO_4)_2\cdot 12H_2O$ 于 100mL 烧杯中,加 50mL 1mol/L 的盐酸,完全溶解后,转移到 1000mL 容量瓶中,再加入 50mL 1mol/L 的盐酸,并用蒸馏水稀释至标线,摇匀,所得溶液即为铁标准溶液,浓度为 10μg/L。0.1% 邻二氮菲(邻菲罗啉)水溶液:先用适量乙醇溶解,然后再加水溶解稀释。1% 的盐酸羟胺水溶液(现用现配)。HAc-NaAc 缓冲溶液(pH≈4.6):136g NaAc,120mL HAc,加水溶解后,稀释至 500mL。0.1mol/L NaOH 溶液。0.1mol/L HCl 溶液。

五、实验步骤

1. 测绘 Fe^{2+}-phen 吸收曲线

准确移取 Fe 标液分别为 0,4.00mL 移入两只 50mL 比色管中,分别依次加入 5mL 盐酸羟胺,5mL HAc-NaAc 缓冲溶液,摇匀,再加入 2.00mL 显色剂(邻二氮菲)溶液,用蒸馏水稀释至刻度,摇匀,放 10min。以 1cm 比色皿,以试剂空白(即上述加 Fe 标液量为 0 的溶

液)为参比,在 450～600nm 波长区间内分别测吸光度值,然后绘制吸收光谱曲线,找出最大吸收波长。

表 1 吸收曲线的绘制

波长 λ/nm				
吸光度 A				

2. 酸度影响

于 12 只 50mL 比色管中,用吸量管各依次加入 4.0mL 10μg/mL 的铁标液,5mL 盐酸羟胺溶液,摇匀,再加入 2mL 邻二氮菲溶液。然后按表 2 分别加入 HCl(0.1mol/mL)或 NaOH(0.1mol/mL)溶液。

表 2 溶液酸度的影响

编 号				
V_{HCl}/mL				
V_{NaOH}/mL				
pH				
吸光度 A				

分别用蒸馏水稀释至刻度,摇匀,放置 10min,用 1cm 比色皿,以蒸馏水为参比,在最大波长处测定各溶液吸光度值,绘制曲线。

3. 显色剂用量的影响

用吸量管分别取 4.0mL 10μg/mL 铁标液于 8 只 50mL 比色管中,同 1 步加入各试剂,摇匀后,再分别各加入 0.1,0.2,0.5,1.0,1.5,2.0,5.0,10.0mL 的显色剂(邻二氮菲)溶液,用蒸馏水稀释到刻度,摇匀,放置 10min,以蒸馏水为参比,在 510nm 下,用 1cm 比色皿测各溶液的吸光度值。

表 3 显色剂用量的影响

编 号				
显色剂用量/mL				
吸光度 A				

4. 显色反应时间的影响及有色溶液的稳定性

分别准确移取 4.00mL 和 0.00mL 铁标液于两支 50mL 比色管中,分别依次加入 5mL 盐酸羟胺,5mL HAc-NaAc 缓冲溶液,摇匀再各加入适量(3 步已选定)显色剂,用水稀释到刻度,摇匀,此刻记下时间($t=0$),以空白为参比,在 510nm 波长处测吸光度值,然后依次测量 $t=5,10,30,60,120,150$min 时溶液的吸光度值。

表 4　显色时间的影响

时间/min							
吸光度 A							

5. 标准（工作）曲线的绘制

分别准确移取 $10\mu g/mL$ 铁标准溶液 0.0, 0.5, 1.0, 2.0, 3.0, 4.0, 5.0, 8.0mL 于 8 只比色管中，依次加入（同上）各试剂，稀释至刻度，摇匀，放置 10min，用 1cm 比色皿，以空白（即 $C_{Fe}=0$）为参比，在 1 步所选定波长下分别测吸光度值，然后以铁量为横坐标，以吸光度 A 为纵坐标绘出标准曲线。

6. 水样（自来水）中 Fe 的测定

准确移取 5mL 自来水于 50mL 容量瓶中，依次加入（同 5）各试剂，稀释至刻度，摇匀放置 10min 以试剂空白为参比，以 1cm 比色皿在选定波长下测吸光度值（为了使测试条件一致，该步应该与绘制工作曲线同时并列做），在标准曲线上直接查出 Fe^{2+} 量，再通过计算式算出试样中 Fe 含量。

六、实验数据处理

表 5　标准曲线的绘制

铁质量浓度/($\mu g/mL$)							
吸光度 A							

表 6　试样中铁含量

编　　号			
吸光度 A			
铁质量浓度/($\mu g/mL$)			

根据各曲线分别确定反应的适宜条件及铁的量，并利用下式计算出水样中铁的含量。

$$c_{Fe} = \frac{m_x}{V_x} = \frac{m_x}{5} (\mu g \cdot mL^{-1})$$

七、问题讨论

(1) 邻二氮菲测铁的原理是什么？用该法测出的铁的含量是试样中亚铁的含量吗？

(2) 吸收曲线与标准曲线各有何意义？二者有何区别？

(3) 简要拟出邻二氮菲分光光度法分别测定试样中微量 Fe^{2+} 和 Fe^{3+} 含量的分析方案。

实验 22　维生素 B_{12} 注射液吸收曲线的测绘

一、实验目的

(1) 掌握测定及绘制药物吸收曲线的方法。
(2) 掌握紫外-可见分光光度计的使用方法。

二、实验原理

在紫外-可见光区,物质对光的吸收主要是分子中电子能级跃迁所致,同时伴随着分子的转动和振动能级的变化,因此电子吸收光谱一般比较简单、平缓。

紫外吸收光谱能表征化合物的显色基团和显色分子母核,作为化合物的定性依据,相同的化合物其紫外吸收光谱一定相同。

实验证明,若溶剂固定不变,化合物吸收曲线所出现的 λ_{max}、λ_{min} 或 λ_{sh} 为一定值,且它们的数目也一定,从而为鉴别化合物提供了有力的依据。根据药典规定,百分吸光系数是指当溶液浓度为 1%,液层厚度为 1cm 时,指定波长的吸光度。即

$$E_{1cm}^{1\%} = \frac{A}{C \cdot l}$$

化合物对光的选择性吸收的波长以及相应的吸光系数,是该化合物的物理常数,当已知某纯化合物在一定条件下的吸光系数后,即可由上式计算出该化合物的含量。

三、仪器和试剂

仪器:紫外-可见分光光度计;容量瓶;吸量管。

试剂:维生素 B_{12} 注射液。

四、实验步骤

取维生素 B_{12} 注射液,稀释成 $100\mu g \cdot mL^{-1}$ 的水溶液,作为试样溶液。将此被测溶液与空白溶液(水)分别盛装于 1cm 厚的吸收池中,放置在仪器的吸收池架上,按仪器使用方法进行操作,从仪器波长范围的上限(或下限)开始,每隔 10nm 测量一次,在吸收峰和吸收谷处,每 1nm 测量一次,每次测量均需用空白调节 100% 透光率,然后读取测定溶液的透光率(或吸光度),记录不同波长处的测定值。以波长为横坐标,吸光度为纵坐标作图,并连成曲线,即得吸收曲线。也可由双光束型紫外-可见分光光度计自动画出吸收曲线。

五、实验数据处理

以波长为横坐标,以吸光度为纵坐标绘制吸收曲线。

六、实验注意事项

(1) 严格按仪器的操作要求进行。

(2) 每调整一次波长均需用空白重新调节 100% 透光率。

七、思考题

(1) 单色光不纯对于测得的吸收曲线有什么影响？
(2) 不同仪器上测得的吸收曲线是否一样？为什么？

实验 23 维生素 B_{12} 注射液的定性鉴别及定量分析

一、实验目的

(1) 掌握分光光度计的使用方法。
(2) 掌握注射剂含量的测定和计算方法。
(3) 熟悉测绘吸收曲线的一般方法。

二、实验原理

维生素 B_{12} 是一类含钴的卟啉类化合物，具有很强的生理作用，可用于治疗恶性贫血等疾病。维生素 B_{12} 不是单一的一种化合物，共有 7 种，通常所说的维生素 B_{12} 是指其中的氰钴素，为深红色吸湿性结晶，制成注射液其标示含量有每毫升含维生素 B_{12} 50μg、100μg 或 500μg 等规格。

维生素 B_{12} 的水溶液在 278nm±1nm、361nm±1nm 与 550nm±1nm 三处有最大吸收。药典规定，在 361nm 波长处的吸光度与 278nm 波长处的吸光度的比值应为 1.70~1.88。361nm 波长处的吸光度与 550nm 波长处的吸光度比值在 3.15~3.45 范围内为定性鉴别的依据。药典规定，以 361nm±1nm 处吸收峰的百分吸光系数 $E_{1cm}^{1\%}$ 值(207)为测定注射液实际含量的依据。

三、仪器和试剂

仪器：紫外-可见分光光度计；吸量管(5mL)；洗耳球；容量瓶(10mL)；烧杯；玻璃棒；石英吸收池。
试剂：维生素 B_{12} 注射液。

四、实验步骤

(1) 试样溶液制备：精密吸取维生素 B_{12} 注射样品(100μg·mL^{-1})3mL 置于 10mL 容量瓶中，加蒸馏水至刻度处，摇匀，得试样。
(2) 测定：将试样稀释液装于 1cm 吸收池中，以蒸馏水为空白，在 278nm、361nm、550nm 波长处分别测定吸光度。

五、实验注意事项

(1) 在使用紫外-可见分光光度计前，应熟悉本仪器的结构功能和操作注意事项。

(2) 吸收池的光学面必须清洁干净,不能用手触碰,只可用擦镜纸擦拭。

六、实验数据处理

1. 定性鉴别

根据测得的 278nm、361nm 与 550nm 波长处的吸光度数据,分别计算 361nm 与 278nm、361nm 与 550nm 两处波长处的吸光度比值与药典规定的幅度值比较,进行维生素 B_{12} 的鉴别。

2. 吸光系数法

将 361nm 波长处测得的吸光度 A 值与 48.21 相乘,即得试样稀释液中每毫升的维生素 B_{12} 微克数。

按照百分吸光系数的定义,每 100mL 含 1g 维生素 B_{12} 溶液的(1%),在 361nm 处的吸光度应为 207。即:

$$E_{1cm}^{1\%}(361nm) = 207[100mL/(g \cdot cm)] = 2.07 \times 10^{-2}[mL/(\mu g \cdot cm)]$$

$$c_{样} = A_{样}/b \cdot E_{1cm}^{1\%} = A_{样} \times 48.31(\mu g \cdot cm)$$

$$维生素 B_{12} 标示量(\%) = \frac{c_{样}(\mu g/mL) \times 试样稀释倍数}{标示量(100\mu g/mL)} \times 100\%$$

七、思考题

试比较用标准曲线法及吸收系数法定量的优缺点。

实验 24　分光光度法测定芦丁的含量

一、实验目的

(1) 掌握比色分析的一般操作方法。
(2) 学习掌握分光光度计的使用方法。
(3) 学会用作图法及计算回归法,求芦丁样品的浓度。

二、实验原理

显色反应需要具备良好的重现性与灵敏性,因此必须控制反应的条件,主要是溶剂种类,试剂用量、溶液酸碱度、反应时间和显色时间等。芦丁为黄酮苷,能与 Al^{3+} 生成黄色配合物,在 $NaNO_2$ 的碱性溶液中呈红色,在 510nm 波长处有最大吸收。据此显色反应用光度法测定芦丁含量,应注意控制反应时间、显色时间以及试剂用量等条件。显色法的定量方法可采用标准曲线法。

标准曲线(工作曲线)法:配制一系列不同浓度的标准溶液,在同一条件下分别测定吸光度,然后以吸光度 A 为纵坐标,浓度 C 为横坐标绘制 A-C 关系曲线。符合朗伯-比尔定律,则得到一条通过原点的直线。根据测得样品吸光度,从标准曲线中求得样品溶液浓度,最后计算含量。

本实验通过校正曲线法测定芦丁的含量,如溶液的颜色较浅,不能直接用分光光度法进行测定,那么需要用显色剂将其变为有颜色的溶液,芦丁与铝离子在亚硝酸钠碱性溶液中生成红色配合物,该红色配合物最大吸收波长在510nm,所以可以在510nm测定吸光度。

三、仪器和试剂

仪器:721型分光光度计;容量瓶。

试剂:芦丁标准溶液,60%乙醇;亚硝酸钠溶液(1:20);硝酸铝溶液(1:10);氢氧化钠溶液(1mol·L^{-1})。

四、实验步骤

1. 标准溶液的配制

精确称取120℃真空干燥至恒重的芦丁标准品约50mg,置于50mL容量瓶中加60%乙醇,适量水浴微热使之溶解,放置冷却后用60%乙醇稀释至刻度摇匀。

2. 标准曲线的绘制

精密吸取标准溶液0.00、1.00、2.00、3.00、4.00及5.00mL,分别置于50mL容量瓶中,各加60%乙醇使之成5.0mL,分别精密加入亚硝酸钠溶液(1:20)0.5mL摇匀,放置6min后加硝酸铝溶液(1:10)1.5mL,摇匀放置6min,加1.0mol·L^{-1}的氢氧化钠溶液10mL,蒸馏水稀释至刻度线摇匀放置6min,在510nm波长下测定各溶液的吸光度,以浓度为横坐标,吸光度为纵坐标,绘制标准曲线。

3. 样品测定

精密称取芦丁约50mg,至50mL容量瓶中,加60%乙醇适量。水浴微热使之溶解,冷却后加入60%乙醇至刻度,摇匀。再精密吸取3mL,至50mL容量瓶中,按照标准曲线的绘制项下的方法,自"加60%乙醇,使之成5.0mL"起操作,测定吸收度,从标准曲线中读出试样中的无水芦丁的含量,并计算药品中的含量。

五、实验数据处理

(1)根据测得的对照品的数据,绘制A-C标准曲线或计算回归方程。

(2)根据测得的实验的数据,从标准曲线上读出或从回归曲线方程计算出试样溶液中芦丁的重量,按下式计算:

$$无水芦丁(\%) = \frac{标准曲线上读出的浓度(mg/mL) \times 10mL}{取样量(mL) \times 试样的标示浓度(mg/mL)}$$

六、实验注意事项

(1)加入各种试剂的顺序,应按操作方法进行。

(2) 本显色反应为配位反应,反应速度较慢,故每加入一种试剂后应充分振摇,以利反应完全。

(3) 本实验过程中使用同一比色皿(吸收池),以减小由于光程的不一致所带来的测定误差。

(4) 测定标准系列各溶液的吸收度是一定要遵循先稀后浓的原则,尽可能的消除测定误差。

七、思考题

(1) 相同厚度的各比色皿透光性不一致,为什么要经过多次洗涤后各比色皿透光率差异无改变的情况下才使用校正值?

(2) 工作曲线和标准对比法分析适用何种情况?从本实验的结果看能否用标准对比法?

(3) 影响显色反应的因素有哪些?

实验 25　紫外双波长光度法测定混合物中苯酚的含量

一、实验目的

(1) 巩固 UV-5800 型紫外-可见分光光度计的使用。
(2) 掌握双波长等吸收法消除干扰的原理。
(3) 学会用双波长等吸收法测定含有对氯苯酚的苯酚含量。

二、实验原理

当 M、N 两组分处于同一溶液中,他们的吸收光谱相互重叠而干扰时,不能用单一波长测定混合液中某一组分,如图 1 所示,但若用双波长等吸收法,就可能消除干扰,可以单独测定一种组分或分别测定两种组分。例如当选 M 组分的最大波长 λ_2 作为测定波长,λ_1 作为参比波长时,N 组分在这两波长处具有相等的吸光度,即对 N 来说,不论其浓度是多少,其 $\Delta A_N = A_{\lambda_2} - A_{\lambda_1} = 0$ 而 $\Delta A_M = A_{\lambda_2} - A_{\lambda_1} = (\varepsilon_{\lambda_2} - \varepsilon_{\lambda_1})LC_M$,即 ΔA_M 与 M 的浓度 c_M 呈线性关系,因而通过测定 λ_2、λ_1 波长下吸光度差值 ΔA_M 就可求得 M 组分的含量。这就是双波长等吸收法测定混合液中某组分的原理。

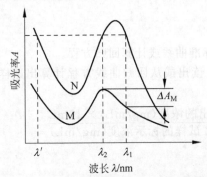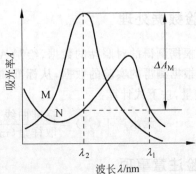

图 1　双波长等吸收法消除干扰原理图

双波长等吸收法所选择的波长,必须满足以下两个条件:

(1) 在两个波长处,干扰组分应具有相同的吸光度,即 ΔA_N 等于零。

(2) 在这两波长处,待测组分的吸光度差值应足够大。

为了选择有利于测量的 λ_1 和 λ_2,应先分别测出各组分单独存在时的吸收光谱(在同一坐标纸上绘制),再用作图法确定 λ_1 和 λ_2。其步骤是:在待测组分 M 的最大吸收峰或其附近选择一测量波长 λ_2,由此作垂直于 X 轴的直线,交干扰组分 N 的吸收光谱与某一点,再以此交点画一平行于 X 轴的水平线,与组分 N 的吸收光谱又产生一个或多个交点,交点处的波长即可作为参比波长 λ_1。当 λ_1 有几个位置可选时,所选择的 λ_1 应能使待测组分获得较大的吸光度差值。本实验中,苯酚和对氯苯酚水溶液吸收光谱相互重叠,需用双波长等吸收法测定混合物中的苯酚的含量(或同时测定其两组分的含量)。

三、仪器和试剂

仪器:UV-5800 型紫外-可见分光光度计;25mL 比色管。

试剂:苯酚水溶液($250mg \cdot L^{-1}$)称取 25.0mg 苯酚,用无酚蒸馏水溶解,定量转移到 100mL 容量瓶中定容,摇匀。对氯苯酚水溶液($250mg \cdot L^{-1}$):称取 25.0mg 对氯苯酚,用无酚蒸馏水溶解,定量转移到 100mL 容量瓶中定容,摇匀。

四、实验步骤

(1) 苯酚水溶液和对氯苯酚水溶液吸收光谱的绘制:分别将适量的储备液稀释 5 倍,配成 $50.0mg \cdot L^{-1}$ 苯酚水溶液和 50.0mg/L 对氯苯酚水溶液,在 250~300nm 波长范围内,以无酚蒸馏水作参比,用 1cm 石英比色皿在紫外-可见分光光度计上测绘它们各自的吸收光谱于同一坐标纸上,选择合适的 λ_1 和 λ_2。

(2) 苯酚水溶液标准曲线的绘制及未知试样溶液中苯酚的测定。分别移取 $250mg \cdot L^{-1}$ 的苯酚水溶液 1.00、2.00、3.00、4.00、5.00mL 及未知试样溶液 5.00mL(两份)于 7 个 25mL 容量瓶中,用无酚蒸馏水定容,摇匀。在所选择的测量波长及参比波长处,以无酚蒸馏水作参比,用 1cm 石英比色皿测定苯酚标准溶液及试样溶液的吸光度。

(3) 对氯苯酚的测定(自拟方案)。

五、实验数据处理

(1) 在同一坐标纸上绘制苯酚水溶液和对氯苯酚水溶液的吸收光谱,并选择合适的测量波长和参比波长。

(2) 求出标准系列溶液在两波长处吸光度差值,以差值为纵坐标,苯酚水溶液浓度为横坐标,绘制标准曲线。由未知试样的差值,从标准曲线上查出相应的苯酚含量,然后求其未知试样中的苯酚浓度(mg/L)。

六、附注

(1) 试样取量以含量高低而定,并使其在标准曲线范围之内。

(2) 在标准系列各溶液中,可加入不同的干扰组分,以使标准曲线更加符合实际。

七、思考题

(1) 本实验与普通单波长分光光度法有何不同？双波长等吸收测定法的优点是什么？使用本法消除干扰的局限性是什么？

(2) 本法所选择的波长对应满足哪两个条件？

实验26　紫外吸收光谱法鉴定苯甲酸、苯胺、苯酚

一、实验目的

(1) 了解紫外-可见分光光度法的原理及应用范围。
(2) 掌握紫外光谱法进行物质定性、定量分析的基本原理。
(3) 了解苯及衍生物的紫外吸收光谱及鉴定方法。
(4) 学习 UV-5800 型紫外可见分光光度计的使用方法。

二、实验原理

定性分析的光谱依据：吸收光谱的形状、吸收峰的数目和位置及相应的摩尔吸光系数，而最大吸收波长 λ_{max} 与相应的 ε_{max} 是定性分析的最主要参数。

在有机物的定性分析鉴定及结构分析方面，由于有些有机化合物在紫外区没有吸收带，有些仅有简单而宽的吸收带，光谱信息较少，特征性不强；另一方面，紫外-可见光谱反映的基本上是分子中生色团和助色团的特性（而且不少简单官能团在近紫外及可见光区没有吸收或吸收很弱），而不是整个分子的特性，例如，甲苯和乙苯的紫外光谱实际上是一样的。因此，单根据一个化合物的紫外光谱不能完全确定其分子结构，这种方法的应用有较大的局限性。但是它适用于不饱和有机化合物，尤其是共轭体系的鉴定，以此推断未知物的骨架结构。

一般定性分析方法有如下两种。

1. 比较吸收光谱曲线法

吸收光谱的形状、吸收峰的数目和位置及相应的摩尔吸光系数，是定性分析的光谱依据，而最大吸收波长 λ_{max} 与相应的 ε_{max} 是定性分析的最主要参数。比较法有标准物质比较法和标准谱图比较法两种。

1) 标准物质比较法

利用标准物质比较，在相同的测量条件下，测定和比较未知物与已知标准物的吸收光谱曲线，如果两者的光谱完全一致，则可以初步认为他们是同一种化合物。为了能使分析更准确可靠，要注意如下几点：

(1) 尽量保持光谱的精细结构。为此，应采用与吸收物质作用力小的非极性溶剂，且采用窄的光谱通带；

(2) 吸收光谱采用 $\lg A$ 对 λ 作图。这样如果未知物与标准物质的浓度不同，则曲线只

是沿 $\lg A$ 轴平移,而不是像 $A\sim\lambda$ 曲线那样以 εb 的比例移动,更便于比较分析。

(3) 往往还需要用其他方法进行证实,如红外光谱等。

2) 标准谱图比较法

利用标准谱图或光谱数据比较。

2. 计算不饱和有机化合物最大吸收波长的经验规则

有伍德沃德(Woodward)规则和斯科特(Scott)规则。

当采用其他物理或化学方法推测未知物有几种可能结构后,可用经验规则计算它们最大吸收波长,然后再与实测值进行比较,以确定物质的结果。伍德沃德规则是计算共轭二烯、多烯烃及共轭烯酮类化合物 π-π^* 跃迁最大吸收波长的经验规则。计算时,先从未知物的母体对照表得到一个最大吸收的基数,然后对连接在母体中 π 电子体系(即共轭体系)上的各种取代基以及其他结构因素按上所列的数值加以修正,得到该化合物的最大吸收波长 λ_{max}。

含有苯环和共轭双键的有机化合物在紫外区有特征吸收。物质结构不同对紫外及可见光的吸收曲线不同。最大吸收波长 λ_{max}、摩尔吸收系数 ε_{max} 及吸收曲线的形状不同是进行物质定性分析的依据。本实验通过比较最大吸收波长和最大吸收波长与所对应的吸光度的比值的一致性来鉴定化合物,我们首先从文献上查得这三种物质的紫外吸收光谱数据,如表1所示。

表1 苯甲酸、苯胺、苯酚的紫外吸收光谱数据

物 质	λ_{max}/nm	ε_{max}/[L/(mol·cm)]	$\varepsilon_{max},\lambda_1/\varepsilon_{max},\lambda_2$	溶 剂
苯甲酸	230	10000	12.5	水
	270	800		
苯胺	230	8600	6.0	水
	280	1430		
苯酚	210	6200	4.3	水
	270	1450		

在紫外分光光度计上分别作三种物质水溶液(试液)的吸收光谱曲线,再由曲线上找出 λ_{max},并计算出 λ_{max} 与其对应的吸光度的比值,与表1中所列数据进行对照,比较 λ_{max} 及吸光度比值是否一致,即可判断是何种物质。

用紫外-分光光度计进行定量分析时,若被分析物质浓度太低或太高,可使透光率的读数扩展10倍或缩小10倍,有利于低浓度或高浓度的分析,其方法原理是依据朗伯-比耳定律。

三、仪器和试剂

仪器:UV-5800型紫外-可见分光光度计;比色管(带塞):25mL;移液管:1mL;容量瓶等。

试剂:A液约 3×10^{-3} mol·L^{-1} 苯酚水溶液;B液约 3×10^{-3} mol·L^{-1} 苯甲酸水溶液;C液约 3×10^{-3} mol·L^{-1} 苯胺水溶液。

四、实验步骤

1. 分析溶液的制备

取 A 液、B 液及 C 液各 1.0mL，分别放入 3 个 25mL 比色管中，用蒸馏水稀释至刻度，则得到 A、B、C 三种稀释液。

2. 鉴定

在 UV-5800 型紫外-可见分光光度计上，用 1cm 石英吸收池，蒸馏水作参比溶液，在 200～330nm 波长范围扫描，绘制苯甲酸、苯胺及苯酚的吸收曲线。由曲线上找出 λ_{max1}、λ_{max2}，其所对应的吸光度的比值与对应的 ε_{max} 比值进行比较，鉴定 A、B、C 三种稀释液各为哪种物质。

五、思考题

(1) 紫外光谱法定性的依据是什么？
(2) 紫外光的波长范围是多少？
(3) 本实验使用的比色皿的材质是什么？为什么？
(4) 紫外光的光源是什么？
(5) 可否直接使用 λ_{max}、ε_{max} 进行定性？

第10章

常用的分离富集实验

实验27 离子交换法分离 Fe^{3+} 与 Co^{2+}

一、实验目的

(1) 掌握离子交换树脂的基本操作及实验技能。
(2) 学会离子交换法分离 Fe^{3+} 与 Co^{2+} 原理与方法。

二、实验原理

利用阳离子交换树脂对 Fe^{3+} 与 Co^{2+} 离子亲和力大小的差异，选用不同淋洗剂淋洗，Fe^{3+} 与 Co^{2+} 离子在柱子上移动速度不同而进行离子交换层析分离。相关的反应式为：

$$2R-H + Co^{2+} \underset{}{\overset{交换}{\rightleftharpoons}} R_2Co + 2H^+$$

$$3R-H + Fe^{3+} \underset{}{\overset{交换}{\rightleftharpoons}} R_3Fe + 3H^+$$

三、仪器和试剂

仪器：25mL 酸式滴定管；50mL 容量瓶；250mL 容量瓶；2.00mL 吸量管；5.00mL 吸量管；10.00mL 吸量管；250mL 烧杯；小量筒；电子分析天平(万分之一)；分光光度计。

试剂：$0.75mol \cdot L^{-1}$ HCl；$0.1mol \cdot L^{-1}$ HCl；$3mol \cdot L^{-1}$ HCl；$1mol \cdot L^{-1}$ $NH_3 \cdot H_2O$；$0.1mol \cdot L^{-1}$ $NH_3 \cdot H_2O$；10%硫氰酸铵溶液；碳酸氢钠(固体)；30%双氧水。交换柱准备：取一支 25mL 酸式滴定管，内放少量棉花于滴定管底部，将处理好的阳离子交换树脂加入适量水倒入管内，打开活塞使水流下(必须保持树脂在水面下，以免空气进入树脂)。不断加入树脂达 4~5cm。当水面接近树脂面时，分次加入 $3mol \cdot L^{-1}$ HCl 100mL 调节活塞使 HCl 慢慢流下(目的使树脂转换成 RH 型)，用蒸馏水充分淋洗柱子，直到流出液用 pH 试纸检查 pH=6 左右(整个过程防止空气进入树脂)。二甲酚橙 0.2%；2,4-二硝基酚(1% 的乙醇液)；pH=5.8 的缓冲溶液：40g 六次甲基四胺溶于 200mL 水中，加入浓 HCl 3.2mL，在酸度计上校正为 pH=5.8 的缓冲溶液。$1mg \cdot mL^{-1}$ 的钴标准储备液：称取金属钴 1.0000g 置于 300mL 的烧杯中，加入 1:1 的硝酸 50mL，在水浴上加热溶解，冷却后加入少量水煮沸，冷却，移入 1L 容量瓶中，用蒸馏水稀释至标线，摇匀。此溶液硝酸酸度应保持在 2%~3%。$5\mu g \cdot mL^{-1}$ 的钴标准储备液：取上述钴标准储备液 5.00mL 于 1L 容量瓶中，以水稀释至刻度,摇匀。

四、实验步骤

1. 取含 Fe^{3+}、Co^{2+} 的水样 10.0mL 加入柱中,打开活塞,以 $0.5mL \cdot min^{-1}$ 的速度使溶液流下,使水样中的 Fe^{3+}、Co^{2+} 全部吸附在柱上(用硫氰酸铵溶液检查)。

2. Co^{2+} 的淋洗

以 $5mL \cdot min^{-1}$ 速度,用 $0.75mol \cdot L^{-1}$ HCl 淋洗,流出液用 250mL 容量瓶承接。当 250mL 淋洗液流出,Co^{2+} 全部洗出,树脂上留 5mL 溶液,容量瓶里的溶液用水稀释至刻度摇匀。

3. Co^{2+} 检验发色

取 20mL 流出液于 250mL 烧杯中,加 $NaCO_3$ 固体至不冒气泡,加 10 滴 H_2O_2 显绿色。

4. 水样中 Co^{2+} 的定量测定

以二甲酚橙为显色剂,测定钴的含量。当溶液的 pH=5.8 时钴与二甲酚橙形成红色络合物,络合物最大吸收波长 578nm,钴含量 $0\sim30\mu g \cdot 50mL^{-1}$ 符合比尔定律。

1) 工作曲线的制作

于 50mL 容量瓶中,分别加入 0.0、5.0、10.0、15.0、20.0、25.0、30.0μg 钴,加 1 滴 2,4-二硝基酚指示剂,用 0.1mol/L $NH_3 \cdot H_2O$ 调至溶液刚好出现黄色。分别加入 pH=5.8 的六次甲基四胺缓冲液 5.0mL,0.2%的二甲酚橙 1.0mL,放置 15min,用水稀释至刻度,摇匀,用 2cm 比色皿,以空白试剂为参比,在 573nm 波长处,测定吸光度值,绘制工作曲线。

2) 水样中 Co^{2+} 的测定

取 4.0mL 流出液于 50mL 容量瓶中,加 1 滴 2,4-二硝基酚指示剂,用浓 $NH_3 \cdot H_2O$ 调至溶液刚好出现黄色,再用 $0.1mol \cdot L^{-1}$ HCl 调至黄色恰好消失,再用 $0.1mol \cdot L^{-1}$ $NH_3 \cdot H_2O$ 调至黄色刚好出现,然后按工作曲线操作,测定吸光度,在工作曲线上查得并计算水样中 CO^{2+} 的含量,以 $mg \cdot L^{-1}$ 表示。

5. Fe^{3+} 的淋洗

将 Co^{2+} 洗出后,用 12mL $3mol \cdot L^{-1}$ HCl 以 $4mL \cdot min^{-1}$ 的速度淋洗柱子,洗出液用刻度试管每 10mL 接一次,依次排列,共 12 管。

6. Fe^{3+} 的洗脱曲线的绘制

将 12 支刻度试管内的溶液依次分别转入 12 个 50mL 的容量瓶中,加 5mL 10%的硫氰酸铵,用水稀释至刻度摇匀,用1cm 比色皿于 520nm 处消光,以体积(mL)为横坐标,消光 E 为纵坐标作图,得到 Fe^{3+} 的洗脱曲线。

五、思考题

(1) 在离子交换分离中,为什么要控制流出液的流量?淋洗液为什么要分几次加入?

(2) 在测定水样中 Co^{2+} 的含量时,为什么反复用不同浓度的氨水和盐酸调至黄色刚好出现?

(3) 如何用离子交换法分离和测定水样中的 Cr^{6+} 和 Cr^{3+}?

(4) 为什么不能使交换柱内干涸?

实验 28　钢中磷的测定——乙酸丁酯萃取磷钼蓝光度法

一、实验目的

(1) 掌握乙酸丁酯萃取磷钼蓝的方法原理。
(2) 巩固分光光度计在实验中的正确运用。

二、实验原理

在 $0.65\sim1.63\text{mol}\cdot\text{L}^{-1}$ 硝酸或 $0.4\sim1.6\text{mol}\cdot\text{L}^{-1}$ 硝酸-硫酸介质中，磷与钼酸铵生成磷钼杂多酸可被乙酸丁酯萃取，用氯化亚锡将磷钼杂多酸还原并反萃取至水相，于波长 680nm 处，测其吸光度。

在萃取溶液中含 $2.5\mu g$ 锆，$20\mu g$ 砷，$25\mu g$ 铌、钽，$50\mu g$ 钴，$500\mu g$ 铈，1.5mg 钨，2mg 铜，3mg 钴，5mg 铬(Ⅲ)、铝，50mg 镍，不干扰测定。

超过上述限量，砷用盐酸、氢溴酸驱除；钒用硫酸亚铁还原；锆以氢氟酸掩蔽；铬氧化成高价后加盐酸挥发除去；钨在 EDTA 氨性溶液中以铍作载体将沉淀分离。

适用范围：本法适用于生铁、铁粉、碳钢、合金钢、高温合金、精密合金。

测定范围：$0.001\%\sim0.05\%$。

三、仪器和试剂

仪器：60mL 梨形分液漏斗；100mL 容量瓶；2.00mL 吸量管；5.00mL 吸量管；10.00mL 移液管；250mL 锥形瓶；小量筒；电子分析天平（万分之一）；分光光度计。

试剂：高氯酸（相对密度 1.67）；乙酸丁酯；硝酸（1∶2）；盐酸（1∶5）；钼酸铵溶液(10%)；亚硝酸钠溶液；硫酸亚铁溶液(5%)：用 100mL 溶液中加入 1mL 硫酸(1∶1)。氯化亚锡溶液(1%)：称取 1g 氯化亚锡($SnCl_2\cdot2H_2O$)溶于 8mL 盐酸（相对密度 1.19）中，用水稀释至 100mL，用时现配。磷标准溶液：（甲）：称取 0.4393g 基准磷酸二氢钾（预先经 105℃烘干至恒重），用适量水溶解，加 10mL 硝酸（相对密度 1.42）移入 1000mL 容量瓶中，用水稀释至刻度，摇匀。此溶液为 1mL 含有 $100\mu g$ 磷。（乙）：移取 20.00mL 磷标准溶液（甲），置于 1000mL 容量瓶中，加 5mL 硝酸（相对密度 1.42），用水稀释至刻度，摇匀。此溶液 1mL 含 $2\mu g$ 磷。

四、实验步骤

称取试样 0.3000g 置于锥形瓶中，加硝酸（1∶2）25mL 加热溶解，加 8mL 高氯酸（相对密度 1.67）蒸发冒烟至烧杯内部透明并回流 5~6min，蒸发至近干、冷却。

加 30mL 硝酸（1∶2）加热溶解盐类，滴加 10%亚硝酸钠溶液至铬还原成低价并过量数滴，煮沸驱除氮氧化物。冷却至室温，移入 100mL 容量瓶中，用水稀释至刻度，摇匀。

移取 10.00mL 试液，置于 60mL 分液漏斗中，加 2~3 滴 5%硫酸亚铁溶液，15mL 乙酸丁酯，5mL 10%钼酸铵溶液，剧烈振荡 40~60s，静置分层后，弃去下层水相，加 10mL 盐酸

(1:5),振荡 15s,静置分层后,弃去下层水相加 15.00mL 1%氯化亚锡溶液,振荡 20~30s,静置分层后,将水相移入 1cm 比色皿中,以水为参比,在分光光度计上,于波长 680nm 处,测其吸光度,减去试剂空白的吸光度,从工作曲线上查出相应的磷量。

工作曲线的绘制:移取 0.00、1.00、2.00、3.00、4.00、5.00mL 磷标准溶液(乙),分别置于 6 个 60mL 分液漏斗中,加 3mL 硝酸(1:2)(以硝酸(相对密度 1.42)煮沸除去 NO_2,冷却后稀释),用水稀释至 10mL,加 15mL 乙酸丁酯,5mL 10%钼酸铵溶液,剧烈振荡 40~60s,然后按分析步骤进行,但不加硫酸亚铁,测其吸光度,减去不加磷标准溶液的显色液的吸光度,绘制工作曲线,磷的百分含量按下式计算:

$$P(\%) = \frac{r \times 10^{-4}}{W \times \frac{V_1}{V}} \times 100\%$$

式中:r 为自工作曲线上查得的磷量(μg);V 为试液总体积(mL);V_1 为移取试样体积(mL);W 为称样量(g)。

五、附注

(1) 称取试样及加入试剂参照表:

含量范围/%	0.001~0.01	0.01~0.03	0.03~0.05
称样量/g	1.000	0.3000	0.2000
加硝酸(1:2)/mL	40	25	20
加高氯酸(相对密度 1.67)/mL	10	7	5
加 10%EDTA 铁基/mL	80	30	20
镍基/mL	20	10	5

用硝酸(1:2)不能溶解的试样可加 10~15mL 盐酸(相对密度 1.19)助溶。

如试样中含砷、锰、铬不超过限量,而用硝酸(1:2)能够溶解,可在硝酸溶解后滴加 4% $KMnO_4$ 溶液至呈现稳定红色,煮沸 1min 驱除氮氧化物,冷却至室温,移入 100mL 容量瓶中,然后按分析步骤进行。

(2) 如试样中含锰超过 2%时多加 5mL 高氯酸(相对密度 1.67),蒸发冒高氯酸烟至锥形瓶内部透明并回流 20~25min。铬含量超过 50mg 时,蒸发至高氯酸冒烟,铬氧化至高价后,滴加 2~3mL 盐酸(相对密度 1.19)挥发铬,重复操作 2~3 次,残余的铬用 10%亚硝酸钠还原。

(3) 含砷超过限量时,高氯酸冒烟后,稍冷,加 10mL 盐酸(相对密度 1.19)5mL 氢溴酸(相对密度 1.49)驱砷,继续蒸发至锥形瓶内部透明并回流 3~4 分钟。

(4) 含钨试样用 20mL 水溶解盐类,加 10mL 2%硫酸铍溶液[以硫酸(1:100)配制]。10%EDTA 溶液,2g 草酸,用氨水(相对密度 0.9)中和至 pH=3~4,用水稀释至约 90mL。煮沸 2~3min,再加 10mL 氨水(相对密度 0.9),煮沸 1min,冷却至室温,过滤。用氨水(1:50)洗净,沉淀用水洗入原锥形瓶中,加 30mL 硝酸(1:2)溶解残留在滤纸上的沉淀,滤纸用水洗净后弃去,滤液按分析步骤进行。

(5) 含钛、铌、锆、钽钢,加 10mL 硫酸(1:2)溶解盐类,滴加 10%亚硝酸钠还原高价铬后,煮沸驱除氮氧化物,取下趁热加 5mL 氢氟酸(1:10),混匀,冷却至室温,移入 100mL 容量瓶中,用水稀释至刻度,摇匀,移入塑料瓶中。移取10.00mL试液置于60mL分液漏斗中,加0.4~0.8g铜钛试剂,20mL三氯甲烷,振荡1min,静置分层后,弃去有机相,于水溶液中加1mL 6%铜钛试剂溶液,10mL三氯甲烷,振荡30min,静置分层后弃去有机相(如铜钛试剂尚未洗净,则再洗涤1次),加0.04~0.1g硼酸,1mL煮沸过的硝酸(1:2),振荡10~15s,然后按分析步骤进行,但不加硫酸亚铁。

含钨、钛、铌、锆、钽钢,先按含钨钢处理后,再按含钛、铌、锆、钽钢处理。

(6) 含锆钢中加5mL HF(1:10)混匀,冷却至室温,加20mL 2%硼酸溶液,移入100mL容量瓶中,用水稀释至刻度,摇匀,移入塑料瓶中,然后按分析步骤进行。

(7) 如室温低于15℃,使反应速度慢,萃取回收率低,因此须在15℃以上操作,工作曲线亦在同样条件下绘制。

六、思考题

(1) 在此实验中,酸度对磷钼杂多酸的生成是否有影响?
(2) 在一定条件下,硅与钼酸铵也能生成硅钼杂多酸,怎样消除硅对本实验的影响?
(3) 在配制氯化亚锡溶液时应注意什么?

实验29 萃取分离——分光光度法测定环境水样中微量铅

一、实验目的

(1) 掌握萃取分离的基本操作。
(2) 了解双硫腙(又称二苯硫腙)萃取分光光度法测定环境水样中铅的原理和方法。

二、实验原理

铅是一种积累性毒物,易被肠胃吸收,通过血液影响酶和细胞的新陈代谢。过量铅的摄入将严重影响人体健康,其主要毒害效应为引起贫血、神经机能失调和肾损伤。我国《生活饮用水卫生标准》规定,生活饮用水中含铅量不能超过$0.01mg \cdot L^{-1}$。因此,铅在环境中的含量,特别是环境水样中的含量,是环境监测控制的一个重要指标。

现行国家环境标准监测方法中规定水中铅的测定有原子吸收和双硫腙萃取分光光度法。双硫腙萃取分光光度法经萃取分离富集,选择性和灵敏度较高。该分析方法的主要原理为:在pH为8.5~9.5的氨性柠檬酸盐-氰化物-盐酸羟胺的还原性介质中,铅与双硫腙形成淡红色双硫腙螯合物:

该螯合物可被三氯甲烷(四氯化碳)等有机相萃取,最大吸收波长510nm,摩尔吸收系数$6.7 \times 10^4 L \cdot mol^{-1} \cdot cm^{-1}$。试样溶液中加入盐酸羟胺,还原$Fe^{3+}$及可能存在的其他氧化性物质,防止双硫腙被氧化;加入氰化物掩蔽Ag^+、Hg^{2+}、Cu^{2+}、Zn^{2+}、Cd^{2+}、Ni^{2+}、

Co^{2+} 等；加入柠檬酸盐络合 Al^{3+}、Cr^{3+}、Fe^{3+}、Ca^{2+}、Mg^{2+} 等，防止它们在碱性溶液中水解沉淀。本法适于测定地表水和废水中微量铅。

三、仪器和试剂

仪器：分光光度计；250mL 分液漏斗。

试剂：铅标准溶液（$2.0\mu g \cdot mL^{-1}$）：准确称取 0.1599g $Pb(NO_3)_2$（纯度≥99.5%）溶于约 200mL 去离子水中，加入 10mL 浓 HNO_3，移入 1000mL 容量瓶，以蒸馏水稀释至刻度，此溶液含铅 $100.0\mu g \cdot mL^{-1}$。移取此溶液 10.00mL 置于 500mL 容量瓶中，用蒸馏水稀释至刻度，摇匀。双硫腙储备液（$0.1g \cdot L^{-1}$）：称取 0.1000g 双硫腙溶于 1000mL 三氯甲烷中，储于棕色瓶，放置于冰箱内备用①。双硫腙工作液（$0.04g \cdot L^{-1}$）：称取 100mL 双硫腙储备液置于 250mL 容量瓶中，用三氯甲烷稀释至刻度。双硫腙专用液：将 250mg 双硫腙溶于 250mL 三氯甲烷中，此溶液不必纯化，专用于萃取提纯试剂。柠檬酸-氰化钾还原性氨性溶液：将 100g 柠檬酸氢二铵，5g 无水 Na_2SO_3，2.5g 盐酸羟胺，10g KCN（注意剧毒！）溶于蒸馏水，用蒸馏水稀释至 250mL，加入 500mL 氨水混合②。

四、实验步骤

1. 水样预处理

洁净程度高的水（如不含悬浮物的地下水、清洁地面水）可直接测定，其他情况预处理过程如下：

（1）混浊的地面水：取 250mL 水样加入 2.5mL 浓 HNO_3，于电热板上微沸消解 10min，冷却后用快速滤纸滤入 250mL 容量瓶，滤纸用 $0.03mol \cdot L^{-1} HNO_3$ 洗涤数次，并稀释至容量瓶刻度。

（2）含悬浮物和有机物较多的水样：取 200mL 水样加入 10mL 浓 HNO_3，煮沸消解至 10mL 左右，稍冷却，补加 10mL 浓 HNO_3 和 4mL 浓 $HClO_4$，继续消解蒸至近干。冷却后用 $0.03mol \cdot L^{-1} HNO_3$ 温热溶解残渣，冷却后用快速滤纸滤入 200mL 容量瓶，用 $0.03mol \cdot L^{-1} HNO_3$ 洗涤滤纸并定容至 200mL。

2. 标准曲线的绘制

在 8 只 250mL 分液漏斗中分别加入 0，0.50mL，1.00mL，5.00mL，7.50mL，10.00mL，12.50mL，15.00mL 铅的标准溶液，补加去离子水至 100mL，加入 10mL $3mol \cdot L^{-1} HNO_3$ 和 50mL 柠檬酸盐-氰化钾还原性氨性溶液，混匀。再加入 10.00mL 双硫腙工作液，塞紧后

---

① 双硫腙试剂不纯时应提纯。称取 0.5g 双硫腙溶于 100mL 三氯甲烷中，滤去不溶物，滤液置于 250mL 分液漏斗中，每次用 20mL（1∶100）氨水萃取，此时杂质留在有机相，双硫腙进入水相，放出水相，重复提取 5 次。合并水相，然后用 $6mol \cdot L^{-1} HCl$ 溶液中和至 pH 为 3~5，再用 250mL 三氯甲烷分 3 次萃取，合并三氯甲烷，此时双硫腙进入有机相。放于棕色瓶，保存于冰箱内。

② 若此溶液含有微量铅，应用双硫腙专用液萃取，直至有机相为绿色，再用三氯甲烷萃取 2~3 次，除去残留于水相中的双硫腙。

剧烈振荡 30s,静置分层。在分液漏斗的颈管内塞入一团无铅脱脂棉,放出下层有机相,弃去前面 1~2mL 流出液后,将有机相注入 1cm 比色皿,以三氯甲烷为参比,在 510nm 处测量吸光度[①],以铅含量为横坐标(单位 μg),吸光度为纵坐标绘制工作曲线。

3. 试样测定

准确量取适量按步骤 1 预处理后的环境水样于 250mL 分液漏斗中,用去离子水补充至 100mL 后,按标准曲线测定步骤进行测定。

由标准曲线计算得到铅含量(μg),根据水样的体积计算出环境水样中铅的质量浓度(μg·L^{-1})[②]。

五、实验数据记录

表 1　标准曲线的绘制及水样中铅含量的测定

编　号	1	2	3	4	5	6	7	8	水样
铁含量/μg									
吸光度									
试样中铅质量浓度/(μg·L^{-1})									

六、思考题

(1) 为什么用分光光度计测定环境水样中的铅要采用萃取分离,而测定矿样中的铅可以不用?

(2) 双硫腙工作液是否需要准确加入?为什么?

(3) 水样预处理的目的是什么?

实验 30　氢氧化铁共沉淀富集——5-Cl-PADAB 分光光度法测定水中的微量钴

一、实验目的

(1) 掌握共沉淀富集的操作技术。
(2) 了解有机试剂在光度测定中的应用和掩蔽的使用。

二、实验原理

钴的显色剂很多,其中应用最广泛的是亚硝基酚类和吡啶偶氮类化合物,本实验采用钴试剂 5-Cl-PADAB[2-(5-氯-2-吡啶偶氮)-1,5-二氨基苯]

---

① 若试剂未经提纯,应以试剂空白作参比,即用无铅水代替水样,其他试剂用量相同,按实验步骤进行测定。
② 本法测定铅时,有 0.1mg 下列离子存在时不干扰:银、汞、铋、铜、锌、砷、锑、锡、铝、铁、镍、钴、铬、锰、碱土金属等离子。

测定水中微量钴,于 pH=6.0 钴(Ⅱ)与 5-Cl-PADAB 生成 1∶2 的红色络合物,络合物一经形成,再经 2.4mol·L^{-1} HCl 酸化仍很稳定,而其他离子 Cu^{2+}、Zn^{2+}、Ni^{2+} 等则分解,因而其选择性很高,灵敏度也很高,摩尔吸光系数 $\varepsilon_{568}=1.1×10^5$。

氢氧化铁共沉淀富集微量钴最合适的酸度范围是 pH=7.5~10。因此,酸性水样加入一定量的铁(Ⅲ),煮沸,用氢氧化铵中和至 pH≈9,过滤,用热的稀盐酸溶解,大量铁对钴的测定有干扰。可于 pH=6~7,用焦磷酸钠掩蔽,此法可测定低至 $0.4\mu g$ Co^{2+}/L。

三、仪器和试剂

仪器:50mL 容量瓶;2.00mL 吸量管;5.00mL 吸量管;10.00mL 移液管;100.00mL 移液管;1000mL 烧杯;小量筒;电子分析天平(万分之一);分光光度计。

试剂:5-Cl-PADAB:0.05% 的乙醇溶液。钴标准溶液:称取金属钴(99.9%)1.000g 置于 300mL 烧杯中,加入 1∶1 硝酸 50mL,在水浴上加热溶解,冷却后,加入少量水煮沸,冷却,移入 1L 容量瓶中,水稀释至标线,摇匀。此溶液硝酸度应保持在 2%~3%,此液含钴 1mg·mL^{-1}。1μg·mL^{-1} 的标准溶液以上述储备液稀释而成。pH=6.0 醋酸盐缓冲液:在 1L 浓度为 1mol·L^{-1} 的 NaAc 溶液中加入 74mL 1mol·L^{-1} 的 HAc(在 pH 计上校准)溶液。氨水(1∶3)、(1∶100)各 50mL。盐酸(1∶3)、(1∶1)、0.1mol·L^{-1}。焦磷酸钠 $Na_4P_2O_7·10H_2O$(10%水溶液)。硫酸铁铵,配成含铁(Ⅲ)5mg·mL^{-1}。氢氧化钠溶液:2mol/L、8mol·L^{-1}。

四、实验步骤

1. 自来水中微量钴的测定及回收试验

取自来水 500mL 两份,其中一份加 $3\mu g$ 标准钴(Ⅱ)做回收实验。加 25mg 铁(Ⅲ),煮沸 5min,用 1∶1 盐酸使沉淀刚好溶解,然后用 2mol·L^{-1} 的 NaOH 溶液中和至 $Fe(OH)_3$ 沉淀刚刚出现(pH≈2)继续加入 5mL 氨水(1∶3)。此时,pH 约在 8.5~9[①],放置约 5min,$Fe(OH)_3$ 沉淀[②],过滤,沉淀用 1∶100 氨水洗涤两次,将漏斗中沉淀用 10mL 热的 3mol·L^{-1} HCl 溶入容量瓶中,并用少量热的(不超过 5mL)0.1mol·L^{-1} HCl 洗滤纸至无色,加固体 NaOH 少许(约 10 小粒),然后用 8mol·L^{-1} NaOH 中和至溶液从黄绿色变为黄棕色刚刚出现,再加入 HCl(1∶3)4~5 滴,摇动使沉淀消失,加 3mL pH=6.0 的醋酸缓冲溶液,

---

[①] 因发现大量铵盐存在使回收率降低,故先用 2mol·L^{-1} NaOH 中和。
[②] 实验表明,放置 18h 与放置 5min 结果一致,趁热过滤,可加快过滤速度。

10mL 焦磷酸钠溶液①,加入 10mL 5-Cl-PADAB 放置 5min,加入 1∶1 HCl 10mL,最后用水稀释至刻度,在 568nm 处,用 1cm 比色皿对 25mg 铁空白进行测定,从标准曲线上求其含量,并计算回收率。

2. 标准曲线②

在 50mL 容量瓶中,分别加入 0.0、1.0、2.0、3.0、4.0、5.0μg 钴,加水至 10mL,加 3mL pH=6 的醋酸缓冲液、1.0mL 5-Cl-PADAB 溶液,放 5min,加入 10mL 1∶1 盐酸,用水稀释至刻度。在 568nm 处,用 1cm 比色皿对空白试剂进行测定。绘制工作曲线。

五、思考题

(1) 为什么 Fe(OH)$_3$ 共沉淀钴时对 pH 需控制在 8~9.5 这个范围而不是其他?
(2) 试找出 5-Cl-PADAB 与钴反应的功能团。

实验 31 薄层板的制作及薄层色谱的应用

一、实验目的

掌握薄层色谱的基本原理及其在有机物分离中的应用。

二、实验原理

有机混合物中各组分对吸附剂的吸附能力不同,当展开剂流经吸附剂时,有机物各组分会发生无数次吸附和解吸过程,吸附力弱的组分随流动相迅速向前,而吸附力强的组分则滞后,由于各组分不同的移动速度而使它们得以分离。物质被分离后在图谱上的位置,常用比移值 R_f 表示。

$$R_f = \frac{原点至层析斑点中心的距离}{原点至溶剂前沿的距离}$$

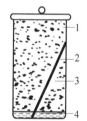

"浸有层析板的层析槽"图
1—层析缸(广口瓶);
2—薄层板;3、4—层析液

三、仪器和试剂

仪器:硅胶层析板两块;卧式层析槽一个;点样用毛细管;紫外荧光灯;铅笔;暖风机;载玻片;钢勺;镊子等。

试剂:碱性湖蓝与荧光黄混合样品;咖啡因与阿司匹林混合样品;阿司匹林纯样品;二氯乙烷层析液;95%的乙醇溶液;硅胶粉;5%的羧甲基纤维素钠(CMC)的水溶液等。

---

① 若出现白色浑浊,说明 pH 过低,可滴加氨水(1∶3)溶解,若溶液为黄色,此为焦磷酸铁络合物在较高 pH 所呈现的颜色,可滴加(1∶3)HCl 使其褪去。
② 标准曲线经 Fe(OH)$_3$ 共沉淀与不经共沉淀结果一致。

四、实验步骤

1. 薄层板的制备

取 3g 硅胶 G 粉于研钵中,加相当于 8mL 左右的用 5% 的羧甲基纤维素钠(CMC)的水溶液,用力研磨 1～2min,至成糊状后立即倒在准备好的薄层板中心线上,快速左右倾斜,使糊状物均匀地分布在整个板面上,厚度约为 0.25mm,然后平放于平的桌面上干燥 15min,再放入 100℃ 的烘箱内活化 2h,取出放入干燥器内保存备用。

2. 点样

在层析板下端 1.0cm 处(用铅笔轻画一起始线,并在点样处用铅笔作一记号为原点),取拉好的毛细点样管,分别蘸取咖啡因与阿司匹林混合样品、阿司匹林纯样品,点于原点上(注意点样用的毛细管不能混用,毛细管不能将薄层板表面弄破,样品斑点直径在 1～2mm 为宜,斑点间距稍大一点,点样次数 5～7 次)。另取一块薄层板,点碱性湖蓝与荧光黄混合样品。

3. 定位及定性分析

将点好样的薄层板分别放入装有二氯乙烷层析液和 5% 的乙醇溶液的两个广口瓶中,盖上盖子,待层析液上行至距薄层板上沿 1cm 左右时,由镊子取出,用铅笔将各斑点框出,并找出斑点中心,用小尺量出各斑点到原点的距离和溶剂前沿到起始线的距离(点有阿司匹林的薄层板需用暖风机吹干),算各样品的比移值并定性确定混合物中各物质名称。

五、实验注意事项

(1) 铺板时一定要铺匀,特别是边、角部分,晾干时要放在平整的地方。

(2) 点样时点要细,直径不要大于 2mm,间隔 0.5cm 以上,浓度不可过大,以免出现拖尾、混杂现象。

(3) 展开用的烧杯要洗净烘干,放入板之前,要先加展开剂,盖上表面皿,让烧杯内形成一定的蒸气压。点样的一端要浸入展开剂 0.5cm 以上,但展开剂不可没过样品原点。当展开剂上升到距上端 0.5～1cm 时要及时将板取出,用铅笔标示出展开剂前沿的位置。

六、实验数据记录

表 1 薄层色谱分离结果

项 目	组 一		组 二	
药品	阿司匹林咖啡因混合样品	阿司匹林	荧光黄	碱性湖蓝
斑点移动距离 a/cm				
溶剂移动距离 b/cm				
R_f 值				

七、思考题

(1) 影响吸附薄层色谱 R_f 值的因素有哪些？

(2) 薄层板的主要显色方法有哪些？

实验 32 中药大黄的薄层色谱鉴别

一、实验目的

(1) 掌握 CMC-Na 硅胶 H 板对大黄中蒽醌类化学成分的分离。

(2) 掌握色谱斑点的检出识别方法。

(3) 计算 5 中成分的 R_f 值和以大黄素为标准的 4 种成分的 R_{st} 值。

二、实验原理

(1) 中药大黄中含有 5 种蒽醌成分，由于取代基不同，引起结构的极性不同，利用薄层色谱法可将 5 种成分进行分离，并利用对照品进行鉴别。

(2) 由于大黄中成分具有多环共轭体系，因此可通过日光下检视斑点的黄色和紫外光灯下检视斑点的荧光进行鉴别，此外大黄中成分具有蒽醌结构还可以用氨熏使之变色进行鉴别。

三、仪器和试剂

仪器：层析缸；玻璃板；毛细管；紫外分析仪。

试剂：大黄酸水解乙醚提取液；氯仿；石油醚(30~60℃)；甲酸乙酯；甲酸；硅胶 H；羧甲基纤维素钠。

四、实验步骤

1. CMC-Na 硅胶 H 板的制备

称取羧甲基纤维素钠(CMC-Na)0.75g 于 100mL 水中，加热使溶解，混匀，将硅胶 H33g 加入其中调成糊状。取此吸附剂混悬液适量放在清洁的玻璃板上(7cm×10cm 板铺板)，晃动玻璃板，使其均匀流动布满整块玻璃板上，而获得均匀的薄层。将玻璃板晾干，在 110℃ 活化 1h，储存于干燥器中备用。

2. 点样

将薄层板平放在水平面上，用毛细管吸附少量提取液点在离板底 1~2cm 位置处。要注意点样方法。

3. 饱和

将调好极性的展开剂倒入层析缸中,密闭 15min,形成展开剂的饱和蒸气压。

4. 展开

将点好样的薄层板放入层析缸内进行展开。采用倾斜上行展开法,展开剂:石油醚(30~60℃)-甲酸乙酯-甲酸(15:5:1),展距 15cm。然后取出薄层板在空气中晾干。注意在本实验中的展开方法。

5. 色谱鉴别

(1) 日光下检视黄色斑点。
(2) 置薄层板于密闭的氨水中熏 10min,斑点应为红色。
(3) 置氨熏后的薄层斑点于 365nm 紫外光灯下观察斑点的荧光颜色。

五、实验注意事项

(1) 铺板:用的匀浆不易过稀或过稠。过稠,板容易出现拖动而造成的层纹。过稀,水蒸发后,板表面较粗糙。

(2) 点样:尽量用小的点样管。点的斑点较小,展开的色谱图分离度好,颜色分明。

(3) 展开:展开时难免要打开盖子把薄层板放入展开剂中,不过对薄层板与蒸气平衡影响不大,当然动作应该尽量轻、快。

(4) 温、湿度的控制:温、湿度对薄层影响都很大。不冻结的前提下,通常温度越低分离越好,较难的分离需在低温下分离,例如人参皂苷。湿度的影响,主要是影响薄层板的吸附能力,导致选择性(容量因子)的变化,湿度应根据实际情况确定。

六、实验数据处理

量取斑点和展开剂的迁移距离并计算 R_f 值和 R_{st} 值。

七、思考题

(1) 如何将分离得到的 5 种成分按极性大小进行排列?
(2) 如果要将本实验分离得到的 5 个斑点鉴别分别是什么化合物,应如何进行?
(3) 展开剂的极性如何进行选择?
(4) 在薄层色谱法中的展开中可以有哪些展开方法?展开过程中应注意些什么?
(5) 点样时要注意些什么?在展开时如何防止拖尾及前倾?

第11章

综合实验

实验33 水泥熟料中 SiO_2、Fe_2O_3、Al_2O_3、CaO 和 MgO 含量的测定

一、实验目的

(1) 了解重量法测定 SiO_2 含量的原理和用重量法测定水泥熟料中 SiO_2 含量的方法。

(2) 进一步掌握络合滴定法的原理,特别是通过控制试液的酸度、温度及选择适当的掩蔽剂和指示剂等,在铁、铝、钙、镁共存时直接分别测定它们的方法。

(3) 掌握络合滴定的几种测定方法——直接滴定法,返滴定法和差减法,以及这几种测定法中的计算方法。

(4) 掌握水浴加热、沉淀、过滤、洗涤、灰化、灼烧等操作技术。

二、实验原理

水泥熟料是调和生料经1400℃以上的高温煅烧而成的。通过熟料分析,可以检测熟料质量和烧成情况的好坏,根据分析结果,可及时调整原料的配比以控制生产。

目前,我国立窑生产的硅酸盐水泥熟料的主要化学成分及其控制范围,大致如下:

化学成分	波动范围	一般控制范围
SiO_2	18%~24%	20%~22%
Fe_2O_3	2.0%~5.5%	3%~4%
Al_2O_3	4.0%~9.5%	5%~7%
CaO	60%~67%	62%~66%

同时,对几种成分限制如下:
$$MgO<4.5\% \quad SO_3<3.0\%$$

水泥熟料中碱性氧化物占60%以上,因此易为酸分解。水泥熟料主要为硅酸三钙 ($3CaO \cdot SiO_2$)①、硅酸二钙($2CaO \cdot SiO_2$)、铝酸三钙($3CaO \cdot Al_2O_3$)和铁铝酸四钙 ($4CaO \cdot Al_2O_3 \cdot Fe_2O_3$)等化合物的混合物。这些化合物与盐酸作用时,生成硅酸和可溶性的氯化物,反应式如下:

---

① 这里的化学式 $3CaO \cdot SiO_2$ 是指3分子 CaO 与1分子 SiO_2,不是3分子 $CaO \cdot SiO_2$。其他化学式如 $2CaO \cdot SiO_2$ 的含义均同此。

$$2CaO \cdot SiO_2 + 4HCl \longrightarrow 2CaCl_2 + H_2SiO_3 + H_2O$$
$$3CaO \cdot SiO_2 + 6HCl \longrightarrow 3CaCl_2 + H_2SiO_3 + 2H_2O$$
$$3CaO \cdot Al_2O_3 + 12HCl \longrightarrow 3CaCl_2 + 2AlCl_3 + 6H_2O$$
$$4CaO \cdot Al_2O_3 \cdot Fe_2O_3 + 20HCl \longrightarrow 4CaCl_2 + 2AlCl_3 + 2FeCl_3 + 10H_2O$$

硅酸是一种很弱的无机酸,在水溶液中绝大部分以溶胶状态存在,其化学式应以 $SiO_2 \cdot nH_2O$ 表示。在用浓酸和加热蒸干等方法处理后,能使绝大部分硅酸水溶胶脱水成水凝胶析出,因此可以利用沉淀分离的方法把硅酸和水泥中的铁、铝、钙、镁等其他组分分开。

本实验中重量法测定 SiO_2 的含量。

在水泥经酸分解后之溶液中,采用加热蒸发近干和加固体氯化铵两种措施,使水溶性胶状硅酸尽可能全部脱水析出。蒸干脱水是将溶液控制在 100~110℃ 温度下进行的。由于 HCl 的蒸发,硅酸中所含的水分大部分被带走,硅酸水溶胶即成为水凝胶析出。由于溶液中的 Fe^{3+}、Al^{3+} 等离子在温度超过 110℃ 时易水解生成难溶性的碱式盐,而混在硅酸凝胶中,这样将使 SiO_2 的结果偏高,而 Fe_2O_3、Al_2O_3 等的结果偏低,故加热蒸干宜采用水浴以严格控制温度。

加入固体 NH_4Cl 后由于 NH_4Cl 易离解生成 $NH_3 \cdot H_2O$ 和 HCl,在加热的情况下,它们易挥发逸去,从而消耗了水,因此能促进硅酸水溶胶的脱水作用,反应式如下:

$$NH_4Cl + H_2O \rightleftharpoons NH_3 \cdot H_2O + HCl$$

含水硅酸的组成不固定,故沉淀经过滤、洗涤、烘干后,还需经 950~1000℃ 高温灼烧成固定成分 SiO_2,然后称重,根据沉淀的质量计算 SiO_2 的质量分数。

灼烧时,硅酸凝胶不仅失去吸附水,并进一步失去结合水,脱水过程的变化如下:

$$H_2SiO_3 \cdot nH_2O \xrightarrow{110℃} H_2SiO_3 \xrightarrow{950\sim1000℃} SiO_2$$

灼烧所得的 SiO_2 沉淀是雪白而又疏松的粉末。如所得沉淀呈灰色,黄色或红棕色,说明沉淀不纯。在要求比较高的测定中,应用氢氟酸-硫酸处理。

水泥中的铁、铝、钙、镁等组分以 Fe^{3+}、Al^{3+}、Ca^{2+}、Mg^{2+} 等离子形式存在于过滤 SiO_2 沉淀后的滤液中,它们都与 EDTA 形成稳定的络离子。但这些络离子的稳定性有较显著的差别,因此只要控制适当的酸度,就可用 EDTA 分别滴定它们。

铁的测定:控制酸度为 pH=2~2.5。试验表明,溶液酸度控制得不恰当时对测定铁的结果影响很大。在 pH=1.5 时,结果偏低;pH>3 时,Fe^{3+} 离子开始形成红棕色氢氧化物,往往无滴定终点,共存的 Tl^{4+} 和 Al^{3+} 离子的影响也显著增加。

滴定时以磺基水杨酸为指示剂,它与 Fe^{3+} 离子形成的络合物的颜色与溶液酸度有关,在 pH=2~2.5 时,络合物呈红紫色。由于 Fe^{3+}-磺基水杨酸络合物不及 Fe^{3+}-EDTA 络合物稳定,所以临近终点时加入的 EDTA 便会夺取 Fe^{3+}-磺基水杨酸络合物中的 Fe^{3+} 离子,使磺基水杨酸游离出来,因而溶液由红紫色变为微黄色,即为终点。磺基水杨酸在水溶液中是无色的,但由于 Fe^{3+}-EDTA 络合物是黄色的,所以终点时由红紫色变为黄色。

滴定时溶液的温度以 60~70℃ 为宜,当温度高于 75℃,并有 Al^{3+} 离子存在时,Al^{3+} 离子亦可能与 EDTA 络合,使 Fe_2O_3 的测定结果偏高,而 Al_2O_3 的结果偏低。当温度高于 50℃ 时,则反应速度缓慢,不易得出准确的终点。

由于络合滴定的过程中有 H^+ 离子产出($Fe^{3+} + H_2Y^{2-} \rightleftharpoons FeY^- + 2H^+$)，所以在没有缓冲作用的溶液中，当铁含量较高时($Fe_2O_3$ 在 40mg 以上)，在滴定的过程中溶液的 pH 值逐渐降低，妨碍反应进一步完成，以致终点变色缓慢，难以准确测定。实验表明 Fe_2O_3 的含量以不超过 30mg 为宜。

铝的测定：以 PAN 为指示剂的铜盐回滴法是普遍采用的一种测定铝的方法。

因为 Al^{3+} 离子与 EDTA 的络合作用进行得较慢，所以一般先加入过量的 EDTA 溶液，并加热煮沸，使 Al^{3+} 离子与 EDTA 充分络合，然后用 $CuSO_4$ 标准溶液回滴过量的 EDTA。Al-EDTA 络合物是无色的，PAN 指示剂在 pH 为 4.3 的条件下是黄色的，所以滴定开始前溶液呈黄色。随着 $CuSO_4$ 标准溶液的加入，Cu^{2+} 不断与过量的 EDTA 络合，由于 Cu-EDTA 是淡蓝色的，因此溶液逐渐由黄色变为绿色。在过量的 EDTA 与 Cu^{2+} 离子完全络合后，继续加入 $CuSO_4$，过量的 Cu^{2+} 离子即与 PAN 络合成深红色络合物，由于蓝色的 Cu-EDTA 的存在，所以终点呈紫色。滴定过程中的主要反应式如下：

$$Al^{3+} + H_2Y^{2-} \rightleftharpoons AlY^- + 2H^+$$
无色

$$H_2Y^{2-} + Cu^{2+} \rightleftharpoons CuY^{2-} + 2H^+$$
蓝色

$$Cu^{2+} + PAN \longrightarrow Cu\text{-}PAN$$
黄色　　　深红色

这里需要注意的是，溶液中存在三种有色物质，而它们的含量又在不断变化之中，因此溶液的颜色特别是终点时的变化就较复杂，决定于 Cu-EDTA、PAN 和 Cu-PAN 的相对含量和浓度。滴定终点是否敏锐的关键是蓝色的 Cu-EDTA 浓度的大小，终点时 Cu-EDTA 络合物的量等于加入的过量的 EDTA 的量。一般来说，在 100mL 溶液中加入的 EDTA 标准溶液(浓度在 $0.015 mol \cdot L^{-1}$ 附近的)，以过量 10mL 左右为宜。

钙、镁含量的测定：其方法与"水中硬度的测定"和"石灰石或白云石中钙、镁含量的测定"类同，原理见前，此处从略。

三、仪器和试剂

仪器：50mL 酸式滴定管；250mL 容量瓶；20.00mL 移液管；25.00mL 移液管；50.00mL 移液管；400mL 锥形瓶；小量筒；漏斗；定量滤纸；电子分析天平(万分之一)；电炉；高温炉；瓷坩埚；烘箱。

试剂：浓盐酸，1∶1 HCl 溶液，3∶97 HCl 溶液，浓硝酸，1∶1 氨水，10% NaOH 溶液，固体 NH_4Cl，10% NH_4CNS 溶液，1∶1 三乙醇胺，$0.015 mol \cdot L^{-1}$ EDTA 标准溶液，$0.015 mol \cdot L^{-1}$ $CuSO_4$ 标准溶液，HAc-NaAc 缓冲溶液(pH=4.3)，NH_3-NH_4Cl 缓冲溶液(pH=10)，0.05%溴甲酚绿指示剂，10%磺基水杨酸指示剂，0.2% PAN 指示剂，酸性铬蓝 K-萘酚绿 B；钙指示剂。

四、实验步骤

(1) SiO_2 的测定：准确称取试样 0.4500~0.5500g 左右，置于干燥的 100mL 烧杯(或 100~150mL 瓷蒸发皿)中，加 2g 固体氯化铵，用平头玻璃棒混合均匀。盖上表面皿，沿杯口滴加 3mL 浓盐酸和 1 滴浓硝酸①,仔细搅匀,使试样充分分解。将烧杯置于沸水浴上,杯上放一玻璃三脚架,再盖上表面皿,蒸发至近干(约需 10~15min)(为什么要蒸发至近干?),取下,加 10mL 热的稀盐酸(3∶97),搅拌,使可溶性盐类溶解,以中速定量滤纸过滤,用胶头淀帚以热的稀盐酸(3∶97)②擦洗玻璃棒及烧杯,并洗涤沉淀至洗涤液中不含 Fe^{3+} 离子为止。Fe^{3+} 可用 NH_4CNS 溶液检验③,一般来说,洗涤 10 次即可达到不含 Fe^{3+} 离子的要求。滤液及洗涤液保存在 250mL 容量瓶中,并用水稀释至刻度,摇匀,供测定 Fe^{3+}、Al^{3+}、Ca^{2+}、Mg^{2+} 等离子之用。

将沉淀和滤纸移至已称至恒重的瓷坩埚中,先在电炉上低温烘干(为什么?),再升高温度使滤纸充分灰化④。然后在 950~1000℃ 的高温炉内灼烧 30min。取出,稍冷,再移置于干燥器中冷却至室温(约需 15~40min),称量。如此反复灼烧,直至恒重。

(2) Fe^{3+} 离子的测定:准确吸取分离 SiO_2 后的滤液 50mL⑤,置于 400mL 锥形瓶中,加 50mL 水,2 滴⑥ 0.05% 溴甲酚绿指示剂(溴甲酚绿指示剂在 pH 小于 3.8 时呈黄色,大于 5.4 时呈绿色),此时溶液呈黄色。逐滴滴加 1∶1 氨水,使之成绿色。然后再用 1∶1 HCl 溶液调节溶液酸度至黄色后再过量 3 滴,此时溶液的酸度约为 pH=2。加热至约 70℃⑦(根据经验,感觉到烫手但还不觉得非常烫),取下,加 6~8 滴⑧ 10%磺基水杨酸,以 $0.015 mol \cdot L^{-1}$ EDTA 标准溶液滴定之。在滴定开始时溶液呈红紫色,此时滴定速度宜稍快些。当溶液开始呈淡红紫色时,则把滴定速度放慢,一定要每滴加一滴,摇摇,看看,再滴加一滴,最好同时再加热⑨,直至滴加到溶液变到淡黄色,即为终点。滴得太快,EDTA 易加多,这样不仅会使 Fe^{3+} 的结果偏高,同时还会使 Al^{3+} 的结果偏低。

(3) Al^{3+} 离子的测定:在滴定铁含量后的溶液中,加入 $0.015 mol \cdot L^{-1}$ EDTA 标准溶液约 20mL⑩,记下读数,摇匀。然后再加入 15mL pH4.3 的 HAc-NaAc 缓冲溶液⑪,以精密 pH 试纸检查。煮沸 1~2min,取下,稍冷至 90℃ 左右,加入 4 滴 0.2% PAN 指示剂,以 $0.015 mol \cdot L^{-1}$ $CuSO_4$ 标准溶液滴定。开始时溶液呈黄色,随着 $CuSO_4$ 标准溶液的加入,

---

① 加入浓硝酸的目的是使铁全部以正三价状态存在。

② 此处以热的稀盐酸溶解残渣是为了防止 Fe^{3+} 离子和 Al^{3+} 离子水解成氢氧化物沉淀而混在硅酸中,以及防止硅酸胶溶。

③ Fe^{3+} 离子与 NH_4CNS 反应生成血红色的 $Fe(CNS)_3$。

④ 也可以放在电炉上干燥后,直接送入高温炉灰化,而将高温炉的温度由低温(例如 100~200℃)渐渐升高。

⑤ 溴甲酚绿不宜多加,如加多了,黄色的底色深,在铁的滴定中,对准确观察终点的颜色变化有影响。

⑥ Fe^{3+} 与 EDTA 的络合反应进行较慢,故最好加热以加速反应。滴定慢,溶液温度降得低,不利于络合,但是如果滴得快,来不及络合,又容易滴过终点,较好的办法是开始时滴得稍快(注意也不能很快),至等当点附近时放慢。

⑦ 根据水泥熟料中 Al_2O_3 的大致含量以及试样的称取量进行粗略计算。此处加入 20mL EDTA 标准溶液,约过量 10mL。

⑧ 磺基水杨酸与 Al^{3+} 离子有络合作用,不宜多加。

⑨ Fe^{3+} 离子与 EDTA 的络合反应比较慢,故最好加热以加速反应。滴定慢,溶液温度降得低,不利于络合,但是如果滴得快,来不及络合,又容易滴过终点,较好的办法是开始时滴得稍快(注意也不能很快),至等当点附近时放慢。

⑩ 根据水泥熟料中 Al_2O_3 的大致含量以及试样的称取量进行粗略计算。此处加入 20mL EDTA 标准溶液,约过量 10 毫升。

⑪ Al^{3+} 离子在 pH=4.3 的溶液中会产生沉淀,因此必须先加 EDTA 标准溶液,然后再加 HAc-NaAc 缓冲溶液,并加热。这样使在溶液 pH 达到 4.3 之前,部分 Al^{3+} 离子已经络合成 Al-EDTA 络合物,从而降低 Al^{3+} 离子的浓度,以免 Al^{3+} 离子水解而形成沉淀。

颜色逐渐变绿并加深,直至再加入一滴突然变紫,即为终点。在变紫色之前,曾有由蓝绿色变灰绿色的过程。在灰绿色溶液中再加入 1 滴 $CuSO_4$ 溶液,即变紫色。

（4）Ca^{2+} 离子的测定：准确吸取分离 SiO_2 后的滤液 25mL,置于 250mL 锥形瓶中,加水稀释至约 50mL,加 4mL 1∶1 三乙醇胺溶液,摇匀后再加 5mL 10%NaOH 溶液,再摇匀,加入约 0.01g 固体钙指示剂（用药勺小头取约 1 勺）,此时溶液呈酒红色。然后以 0.015mol·L^{-1} EDTA 标准溶液滴定至溶液呈蓝色,即为终点。

（5）Mg^{2+} 离子的测定：准确吸取分离 SiO_2 后的滤液 25mL 于 250mL 锥形瓶中,加水稀释至约 50mL,加 4mL 1∶1 三乙醇胺溶液,摇匀后,加入 5mL pH 为 10 的 NH_3-NH_4Cl 缓冲溶液,再摇匀,然后加入适量酸性铬蓝 K-萘酚绿 B 指示剂或铬黑 T 指示剂,以 0.015mol·L^{-1} EDTA 标准溶液滴定至溶液呈蓝色,即为终点。根据此结果计算所得的为钙、镁合量,由此减去钙量即为镁量。

水泥熟料中硅、铁、铝、钙、镁测定,可综合如附表所示。

五、实验数据处理

根据我国国家标准《水泥化学分析方法》(GB 176—2017)中规定,同一人员或同一实验室对上述测定项目的允许误差范围如下：

测定项目	绝对误差
SiO_2	0.20
Fe_2O_3	0.15
Al_2O_3	0.20
CaO	0.25
MgO（质量分数＜2%）	0.15
MgO（质量分数＞2%）	0.20

即同一人员分别进行两次测定,所得结果的绝对差值应在此范围内。如不超出此范围,取其平均值作为分析结果；如超出此范围,则应进行第三次测定,所得结果与前两次或其中任一次之差值符合此规定的范围时,取符合规定的结果（有几次就取几次）的平均值。否则,应查找原因,并再次进行测定。

除了对每一测定项目的平行试验应考虑是否超出允许误差范围外,还应把这几项的测定结果累加起来,看其总和是多少。一般来说,这五项是水泥熟料的主要成分,其总和应是相当高的,但不可能是 100%,因为水泥熟料中还可能有 MnO、TiO_2、K_2O、Na_2O、SO_3、烧失量和酸不溶物等,如果总和超过 100%,这是不合理的,应查找原因。

六、思考题

（1）如何分解水泥熟料试样？分解时的化学反应是什么？
（2）本实验测定 SiO_2 含量的方法原理是什么？
（3）试样分解后加热蒸发的目的是什么？操作中应注意些什么？
（4）洗涤沉淀的操作中应注意些什么？怎样提高洗涤的效果？

(5) 沉淀在高温灼烧前,为什么需经干燥、炭化?

(6) 在 Fe^{3+}、Al^{3+}、Ca^{2+}、Mg^{2+} 等离子共存的溶液中,以 EDTA 标准溶液分别滴定 Fe^{3+}、Al^{3+}、Ca^{2+} 等离子以及 Ca^{2+}、Mg^{2+} 离子的合量时,是怎样消除其他共存离子的干扰的?

(7) 在滴定上述各离子时,溶液酸度应分别控制在什么范围?怎样控制?

(8) 滴定 Fe^{3+}、Al^{3+} 离子时,各应控制什么样的温度范围?为什么?

(9) 以 EDTA 为标准溶液,以磺基水杨酸为指示剂滴定 Fe^{3+} 离子,以 PAN 为指示剂滴定 Al^{3+} 离子,以钙指示剂为指示剂滴定 Ca^{2+} 离子,以 K-B 为指示剂滴定 Ca^{2+}、Mg^{2+} 离子的合量,在滴定过程中溶液的颜色的变化如何?怎样确定终点?

(10) 在测定 SiO_2、Fe^{3+} 及 Al^{3+} 离子时,操作中应注意些什么?

(11) 如 Fe^{3+} 离子的测定结果不准确,对 Al^{3+} 离子测定结果有什么影响?

(12) 在 Al^{3+} 离子的测定中,为什么要注意 EDTA 标准溶液的加入量?以加入多少为宜?

(13) 本实验中,为什么测定 Fe^{3+}、Al^{3+} 离子时吸取 50mL 溶液进行滴定,而测定 Ca^{2+}、Mg^{2+} 离子时只吸取 25mL?

(14) 在 Ca^{2+} 离子的测定中,为什么要先加三乙醇胺而后加 NaOH 溶液?

(15) 根据原理中介绍的水泥熟料中 Al_2O_3 含量的控制范围及试样称取量,如何粗略计算 EDTA 标准溶液的加入量?

(16) 试写出本测定中所涉及的主要化学反应式。

(17) 测定 Fe^{3+} 离子时,如 pH<1,对 Fe^{3+} 和 Al^{3+} 离子的测定结果有什么影响?若 pH>4,又各有什么影响?

实验 34　硫酸亚铁铵的制备及产品质量检验

一、实验目的

(1) 了解检验产品中杂质含量的一种方法——目测比色法。

(2) 学习硫酸亚铁铵等复盐的一般制备原理和方法。

(3) 掌握水浴加热、溶解、过滤、蒸发、结晶、减压过滤等一系列基本操作。

二、实验原理

硫酸亚铁铵 $(NH_4)_2Fe(SO_4)_2 \cdot 6H_2O$ 俗称摩尔盐,是浅蓝绿色单斜晶体,它能溶于水,但难溶于乙醇。硫酸亚铁铵在空气中比一般亚铁盐稳定,不易被空气氧化,而且价格低,制造工艺简单,所以其应用广泛。硫酸亚铁铵在工业上常用作废水处理的混凝剂;在农业上用作农药及肥料;在滴定分析中常用作为基准物质。用来直接配制标准溶液或标定未知溶液的浓度。

1. 硫酸亚铁铵制备的基本原理

从硫酸铵、硫酸亚铁和硫酸亚铁铵在水中的溶解度数据(见表1)可知,在一定温度范围内,硫酸亚铁铵的溶解度比组成它的任何一个组分 Fe(SO$_4$)$_2$ 或 (NH$_4$)$_2$SO$_4$ 的溶解度都小。因此,很容易从 Fe(SO$_4$)$_2$ 和 (NH$_4$)$_2$SO$_4$ 的混合溶液中,经蒸发浓缩、冷却结晶而制得摩尔盐(NH$_4$)$_2$Fe(SO$_4$)$_2$·6H$_2$O 的晶体。在制备过程中,为防止 Fe^{2+} 氧化和水解,溶液必须保持足够的酸度。

表 1 硫酸铵、硫酸亚铁、硫酸亚铁铵在水中的溶解度(g·100g^{-1}H$_2$O)

物 质	相对分子质量	温度/℃			
		10	20	30	40
(NH$_4$)$_2$SO$_4$	132.1	73.0	75.4	78.0	81.0
Fe(SO$_4$)$_2$·7H$_2$O	278.0	37.0	48.0	60.0	73.3
(NH$_4$)$_2$Fe(SO$_4$)$_2$·6H$_2$O	392.1	18.1	21.2	24.5	27.9

本实验是先将金属铁屑与稀硫酸作用制得硫酸亚铁溶液。反应方程式如下:
$$Fe + H_2SO_4 = FeSO_4 + H_2(g)$$
然后加入所需用量的硫酸铵并使其完全溶解,将制得的混合溶液水浴加热,经蒸发浓缩,室温下冷却结晶,得到溶解度较小的硫酸亚铁铵(NH$_4$)$_2$Fe(SO$_4$)$_2$·6H$_2$O 的复盐晶体。其反应方程式如下:
$$FeSO_4 + (NH_4)_2SO_4 + 6H_2O = (NH_4)_2Fe(SO_4)_2·6H_2O$$
该盐在溶液中仍能电离出简单离子。

2. 硫酸亚铁铵产品质量检验

硫酸亚铁铵产品中的主要杂质是 Fe^{3+},产品质量检验的等级常以产品中 Fe^{3+} 的含量多少来评定。

(1) 高锰酸钾滴定法(准确)。产品质量检验准确的方法是采用高锰酸钾滴定法确定有效成分的含量,即在酸性介质中,KMnO$_4$ 将 Fe^{2+} 定量氧化为 Fe^{3+},通过滴定过程中溶液颜色的变化确定滴定终点的到达(溶液颜色由无色变为粉红色)。其反应方程式如下:
$$5Fe^{2+} + MnO_4^- + 8H^+ = 5Fe^{3+} + Mn^{2+} + 4H_2O$$

(2) 目测比色法(简单)。产品质量检验简单的方法是目测比色法。目测比色法是确定杂质含量的一种常用的定性方法,即利用这种方法可以简便快捷定出产品的级别。具体方法就是将一定量产品配成溶液,在酸性介质中加入 KSCN 溶液,此时试样溶液会产生颜色。然后将该溶液与各标准溶液进行目测比色,如果产品溶液的颜色比某一标准溶液的颜色浅,就可以确定产品杂质含量低于该标准溶液中的含量,即低于某一规定的限度,所以这种方法又称为限量分析。本实验仅做摩尔盐中 Fe^{3+} 的限量分析。

(3) Fe^{3+} 标准溶液的配制。先配制 10μg·mL^{-1} Fe^{3+} 标准溶液。然后用吸量管或移液管吸取该标准溶液 5.00mL、10.00mL、20.00mL 分别放入 3 支比色管中,再向各比色管中加入 2.00mL HCl(2mol·L^{-1})溶液 0.50mL KSCN(1mol·L^{-1})溶液,再备用含氧较少的去离子水将溶液准确稀释到比色管刻度线,摇匀,得到 25mL 溶液 Fe^{3+} 含量分别为:0.05mg、0.10mg 和 0.20mg 三个级别的 Fe^{3+} 标准溶液,它们分别为Ⅰ级、Ⅱ级和Ⅲ级试剂中 Fe^{3+} 的最高允许含量。

三、仪器和试剂

仪器：锥形瓶；烧杯；量筒；电子天平；漏斗；漏斗架；布氏漏斗；抽滤瓶；抽气管（或真空泵）；蒸发皿；表面皿；比色管；水浴锅；电炉；石棉网；滤纸。

试剂：碳酸钠（1mol·L^{-1}）；硫酸（3mol·L^{-1}）；硫氰酸钾（1mol·L^{-1}）；铁屑；盐酸（2mol·L^{-1}）；硫酸铵；无水乙醇；Fe^{3+}标准溶液三份；pH试纸。

四、实验步骤

1. 铁屑的净化

称取2.0g铁屑，放入250mL锥形瓶中，加入10mL Na$_2$CO$_3$（1mol·L^{-1}）溶液，小火加热约5min，以除去铁屑表面的油污。清洗除去碱液，并用去离子水将铁屑洗涤多次。

2. 硫酸亚铁的制备

在盛有洗净铁屑的锥形瓶中，加入10mL H$_2$SO$_4$（3mol·L^{-1}）溶液，放在水浴上加热使铁屑与稀硫酸发生反应（在通风橱中进行）。在反应过程中要适当地添加去离子水，以补充蒸发掉的水分。当反应进行到不再大量冒气泡时，表示反应基本完成。然后再加入1mL H$_2$SO$_4$溶液（Fe^{2+}在强酸性溶液中较稳定，加酸可防止Fe^{2+}被氧化为Fe^{3+}），用普通漏斗趁热过滤，滤液直接盛于蒸发皿中。最后用去离子水洗涤残渣（如残渣量很少，可不收集），用滤纸吸干后称量，从而计算出溶液中所溶解的铁屑的质量。

3. (NH$_4$)$_2$SO$_4$溶液的配制

根据FeSO$_4$的理论产量和反应式的计量关系，计算出配制时所需(NH$_4$)$_2$SO$_4$的质量及需要的水的用量。按照计算量在小烧杯中称取(NH$_4$)$_2$SO$_4$，并加水溶解（若温度低可稍微加热），配好备用。

4. 硫酸亚铁铵的制备

将配制好的(NH$_4$)$_2$SO$_4$溶液回到盛有FeSO$_4$溶液的蒸发皿中，在水浴上加热搅拌，溶液混匀后，用pH试纸检验溶液pH是否为1~2，若酸度不够，用H$_2$SO$_4$（3mol·L^{-1}）溶液进行调节。然后在水浴上蒸发混合溶液，浓缩至液体表面出现晶体膜为止（注意蒸发过程中溶液不宜搅动）。取下蒸发皿，静置，让溶液自然冷却，冷至室温时，便析出硫酸亚铁铵晶体。用布氏漏斗减压抽滤至干，再用少量无水乙醇溶液淋洗晶体，以除去晶体表面上附着的水分。继续抽干，取出晶体，置于洁净的表面皿（请提前称重）上晾干。称量表面皿与晶体的总质量，计算出硫酸亚铁铵晶体的质量，并计算产率。

5. 产品检验——Fe^{3+}的限量分析

用烧杯将去离子水煮沸5min，以除去溶解于水中的氧，盖好，冷却后备用。

天平上称取1g硫酸亚铁铵产品，置于比色管中，加入10mL（比色管下部的刻度线处）

备用的去离子水使之溶解,再加入 2mL HCl(2mol·L^{-1})溶液和 0.5mL KSCN(1mol·L^{-1})溶液,最后以备用的去离子水稀释到比色管上部的 25mL 刻度线处,摇匀。用目测的方法将所配产品溶液的颜色与 Fe^{3+} 系列标准溶液进行目测比色,以确定产品的等级。如产品溶液的颜色淡于某一级的标准溶液的颜色,则表明产品中所含 Fe^{3+} 杂质低于该级标准溶液,即产品质量符合该级的规格。若产品溶液颜色与 Ⅰ 级试剂的标准溶液的颜色相同或略浅,便可确定为 Ⅰ 级产品,Ⅱ 级和 Ⅲ 级产品,依此类推。硫酸亚铁铵的纯度级别见表2。

表 2　硫酸亚铁铵的产品等级与 Fe^{3+} 的含量

产品等级	Ⅰ	Ⅱ	Ⅲ
Fe^{3+} 的含量(≤mg·25mL^{-1})	0.05	0.10	0.20

五、实验数据记录

将实验数据和处理结果填入表3中。

表 3　硫酸亚铁铵的产品等级与 Fe^{3+} 的含量

作用的铁质量/g	(NH$_4$)$_2$SO$_4$ 的质量/g	表面皿的质量/g	表面皿和产品的质量/g	(NH$_4$)$_2$Fe(SO$_4$)$_2$·6H$_2$O			
				理论产量/g	实际产量/g	产率/%	产品等级

六、实验注意事项

(1) 由机械加工过程得到的铁屑表面沾有油污,需用碱煮的方法除去。用 Na$_2$CO$_3$ 溶液清洗铁屑油污过程中,一定要不断地搅拌以免暴沸烫伤人,并应补充适量水。

(2) 在铁屑与 H$_2$SO$_4$ 作用过程中,会产生大量 H$_2$ 及少量有毒气体(如 H$_2$S 等),应注意该过程要在通风橱内进行。

(3) FeSO$_4$ 制备过程中要适量加入去离子水,根据原有溶液的体积加入,不可超量。

(4) 铁屑与酸反应温度控制在 50~60℃。反应中若温度超过 60℃ 易生成 FeSO$_4$·H$_2$O 白色晶体。

(5) 将普通漏斗改为短颈漏斗以防止过滤时漏斗堵塞,并将漏斗置于沸水中预热后进行,硫酸亚铁溶液要趁热过滤,以免出现结晶。

(6) 热过滤后,检查滤液的 pH 是否在 5~6,若 pH 较高,可以用稀硫酸调节防止 Fe^{3+} 氧化与水解。

(7) (NH$_4$)$_2$SO$_4$ 饱和溶液需提前配制(用小烧杯),温度低可适当加热,配制后的 (NH$_4$)$_2$SO$_4$ 溶液加到盛有 FeSO$_4$ 溶液的蒸发皿中,不可以将 (NH$_4$)$_2$SO$_4$ 固体直接加入到蒸发皿中。

(8) 为了能形成晶体膜,蒸发浓缩过程中要尽可能不搅动。

(9) 表面皿提前洗净、擦干并称重,数据记录在报告册相应位置。

(10) 经抽滤后的硫酸亚铁铵晶体去掉滤纸转移到已经称重的表面皿上,再对盛有产品的表面皿进行称量,数据记录在报告册相应位置。

(11) 所得的 $FeSO_4$ 溶液和 $(NH_4)_2Fe(SO_4)_2 \cdot 6H_2O$ 溶液均应保持较强的酸性。

(12) 学生自行用滤纸称取 1g 产品做 Fe^{3+} 的限量分析。注意从产品加入到比色管,以及配制过程中的各个环节。

(13) 在进行 Fe^{3+} 的限量分析时,应使用含氧较少的去离子水来配制硫酸亚铁铵溶液。

七、思考题

(1) 怎样除去铁屑表面的油污?
(2) 硫酸亚铁溶液和硫酸亚铁铵溶液为什么必须保持较强的酸性?
(3) 进行质量检验时,为什么用煮沸除氧的去离子水配制溶液?
(4) 硫酸亚铁和硫酸亚铁铵的制备过程中均需加热,加热时各需要注意什么问题?
(5) 抽滤得到硫酸亚铁铵晶体后,如何除去晶体表面上附着的水分?
(6) 怎样确定实验中所需要的硫酸铵质量?
(7) 怎样进行减压抽滤操作?
(8) 滤纸有不同的种类,本实验选用哪种滤纸?为什么?

实验 35　铬天青 S 分光光度法测定微量铝
——铝的二元与三元络合物的比较

一、实验目的

(1) 掌握、比较二元络合物与三元络合物光吸收性质的方法。
(2) 了解三元络合物对光的吸收较二元络合物强的优点。

二、实验原理

光度法测定铝常用显色剂有铬天青 S,铬天青 R、氯代磺酚 S、氯代磺酚 M、铝试剂等,其中以铬天青 S 为最佳,铬天青 S 分光光度法灵敏度高、重现性好,是测定微量铝常用的光度法之一。

铝与 CAS 的二元络合物加入表面活性剂以后,生成三元络合物。此时络合物的最大吸收峰一般是向长波方向移动,俗称"红移",溶液的颜色也随之发生变化。由于生成胶束配合物,使测定的灵敏度显著提高。三元配合物的摩尔吸光系数与溶液的酸度,缓冲剂的性质,表面活性剂的种类,显色剂的浓度与质量,光度计的灵敏度等多种因素有关,ε 一般可达 10^5。

本实验通过测定铝-铬天青二元与表面活性剂组成的三元配合物的吸收曲线及标准曲线,从 λ_{max} 时的吸光度值及相应被测物质的浓度求出二元及三元络合物的摩尔吸光系数 ε 值,从二元和三元络合物质的最大吸收波长之差可求得"红移"的波长数值。

在测定时,要注意加入试剂的顺序,最好使在 pH=3.0 左右的酸性溶液中加入 CAS,然后加入测定所需 pH 值的缓冲液,以避免铝的水解对测定的影响。

三、仪器和试剂

仪器:721E 型分光光度计。

试剂:0.1mg/mL 的铝标准储备液:①称取纯铝 0.1000g 于塑料烧杯中,加 1g NaOH 及 10mL 水,在沸水浴中加热,取下冷却,以 6mol/L HCl 中和至沉淀溶解并过量 10mL,冷却后移入 1000mL 容量瓶中,以水稀释至刻度,摇匀。②称取硫酸铝钾(KAl(SO$_4$)$_2$·12H$_2$O,相对分子质量 474.36)1.758g,溶于水后,加 2mL 6mol·L^{-1}HCl,以水稀释至 1L。2μg·mL^{-1} 的铝标准操作液:取上述铝标准储备液 10.00mL 于 500mL 容量瓶中,以水稀释至刻度,摇匀。铬天青 S(CAS 液):1×10^{-3}mol·L^{-1} 的 CAS 乙醇(1:1)液。氯代十六烷基吡啶(CPC 液):1×10^{-2}mol·L^{-1} 的水溶液,必要时可将溶液微热以促进溶解。二乙烯三胺液[①]:500mL 1mol·L^{-1}HCl 溶液于 500mL 6%的二乙烯三胺溶液混匀,分成两份,分别在酸度计上调至 pH=5.5 和 pH=6.3。2,4-二硝基酚指示剂:0.1%的乙醇溶液。氨水 0.1mol·L^{-1}。盐酸 0.1mol·L^{-1}。

四、实验步骤

1. 铝的二元络合物吸收曲线的制作

准确移取 2mL 铝标准操作液于 50mL 容量瓶中,加 1 滴 2,4-二硝基酚指示剂,用 0.1mol·L^{-1} NH$_3$·H$_2$O 调至溶液出现黄色,再用 0.1mol·L^{-1} HCl 调至黄色恰好消失,加 1×10^{-3}mol·L^{-1} CAS 溶液 0.5mL,补加 1 滴 0.1mol·L^{-1} NH$_3$·H$_2$O,加 pH5.5 缓冲液 5mL,以水稀释至刻度,摇匀,放置 10min,用 1cm 比色皿,以空白试剂为参比,从 520~610nm,每隔 10nm 测一次吸光度[②]。以波长为横坐标,以吸光度为纵坐标,绘制吸收曲线。

2. 铝三元络合物吸收曲线的制作

准确移取 2mL 铝标准操作液于 50mL 容量瓶中,加 1 滴 2,4-二硝基酚指示剂,用 0.1mol·L^{-1} NH$_3$·H$_2$O 调至溶液出现黄色,再用 0.1mol·L^{-1} HCl 调至黄色恰好消失,加 1×10^{-3}mol·L^{-1} CAS 溶液 0.5mL,1×10^{-2}mol·L^{-1} CPC 液[③] 1.0mL,补加 1 滴 0.1mol·L^{-1} NH$_3$·H$_2$O,加 pH6.3 缓冲液 5mL,以水稀释至刻度,摇匀,放置 20min,用 1cm 比色皿,以空白试剂为参比,从 560~660nm,每隔 10nm 测一次吸光度,绘制吸收曲线。

3. 铝二元络合物标准曲线的制作

于 50mL 容量瓶中,分别加入 0.0、2.0、4.0、6.0、8.0、10.0μg 铝,其余步骤同二元络合物吸收曲线,在所测最大吸收波长,分别测定其吸光度,以铝的量(mg)为横坐标,以吸光度为纵坐标,绘制标准曲线。

---

① 二乙烯三胺缓冲液放置后逐渐变黄,可以继续使用。
② 测定吸收曲线在最大吸附近时,每隔 2nm 测一次吸光度。
③ 在加入试剂时,尽量勿使黏附管口附近,每加一次试剂都应摇动。加入 CPC 时,应使溶液沿器壁流下并轻摇,以免产生过多气泡,影响以后操作。

4. 铝三元络合物工作曲线的制作

参照上述,自己设计操作步骤。

5. 将二元及三元络合物的吸收曲线分别绘制在同一坐标纸上,测定波长红移数(即 $\Delta\lambda_{max}$)及计算相应的摩尔吸光系数。

五、思考题

(1) 能否由吸收曲线上的任一点求出络合物的摩尔吸光系数?能否直接从制作标准曲线时所测的任一点的吸光度值求出络合物的摩尔吸光系数?

(2) 铝二元络合物与三元络合物的测定条件有何不同,试加以比较。

(3) 试述酸度对铝三元络合物测定的影响(铝离子的存在形式、显色剂在溶液中的平衡、络合物的生产等)。

(4) 从铝的二元及三元络合物的标准曲线,说明铝的浓度在什么范围内符合比耳定律(分别用 $\mu g \cdot 50mL^{-1}$ 和 $g \cdot mol^{-1}$)。

(5) 试将测定结果与你所看到的参考资料上介绍的数值加以比较并讨论之。

参 考 文 献

[1] 陈立钢,廖丽霞,牛娜. 分析化学实验[M]. 北京:科学出版社,2015.
[2] 武汉大学. 分析化学实验[M]. 北京:高等教育出版社,2012.
[3] 成都科技大学,浙江大学. 分析化学实验[M]. 北京:高等教育出版社,1989.
[4] 黄宝美,杜军良,吕瑞. 分析化学实验[M]. 北京:科学出版社,2014.
[5] 佘振宝,姜桂兰. 分析化学实验[M]. 北京:化学工业出版社,2005.
[6] 常微. 分析化学实验[M]. 西安:西安交通大学出版社,2009.
[7] 蔡明招,刘建宇. 分析化学实验[M]. 北京:化学工业出版社,2010.
[8] 鲁润华,张春荣,周文峰. 分析化学实验[M]. 北京:化学工业出版社,2012.
[9] 李德亮,缪娟. 分析化学实验[M]. 郑州:河南科学技术出版社,2009.
[10] 池玉梅. 分析化学实验[M]. 武汉:华中科技大学出版社,2010.
[11] 罗盛旭,范春蕾. 分析化学实验[M]. 北京:化学工业出版社,2016.
[12] 黄朝表,潘祖亭. 分析化学实验[M]. 北京:科学出版社,2013.
[13] 蔡明招. 分析化学实验[M]. 北京:化学工业出版社,2004.
[14] 江银枝. 分析化学实验[M]. 上海:上海交通大学出版社,2015.

附　录

附录 A　常用指示剂

（一）酸碱指示剂（18~25℃）

指示剂名称	pH 变色范围	颜色变化	溶液配制方法
甲基紫（第一变色范围）	0.13~0.5	黄~绿	$1g \cdot L^{-1}$ 或 $0.5g \cdot L^{-1}$ 的水溶液
甲酚红（第一变色范围）	0.2~1.8	红~黄	0.04g 指示剂溶于 100mL50％乙醇
甲基紫（第二变色范围）	1.0~1.5	绿~蓝	$1g \cdot L^{-1}$ 水溶液
百里酚蓝（麝香草酚蓝）（第一变色范围）	1.2~2.8	红~黄	0.1g 指示剂溶于 100mL20％乙醇
甲基紫（第三变色范围）	2.0~3.0	蓝~紫	$1g \cdot L^{-1}$ 水溶液
甲基橙	3.1~4.4	红~黄	$1g \cdot L^{-1}$ 水溶液
溴酚蓝	3.0~4.6	黄~蓝	0.1g 指示剂溶于 100mL20％乙醇
刚果红	3.0~5.2	蓝紫~红	$1g \cdot L^{-1}$ 水溶液
溴甲酚绿	3.8~5.4	黄~蓝	0.1g 指示剂溶于 100mL20％乙醇
甲基红	4.4~6.2	红~黄	0.1g 或 0.2g 指示剂溶于 100mL60％乙醇
溴酚红	5.0~6.8	黄~红	0.1g 或 0.04g 指示剂溶于 100mL20％乙醇
溴百里酚蓝	6.0~7.6	黄~蓝	0.05g 指示剂溶于 100mL20％乙醇
中性红	6.8~8.0	红~亮黄	0.1g 指示剂溶于 100mL60％乙醇
酚红	6.8~8.0	黄~红	0.1g 指示剂溶于 100mL60％乙醇
甲酚红	7.2~8.8	亮黄~紫红	0.1g 指示剂溶于 100mL50％乙醇
百里酚蓝（麝香草酚蓝）（第二变色范围）	8.0~9.6	黄~蓝	0.1g 指示剂溶于 100mL20％乙醇
酚酞	8.2~10.0	无色~紫红	0.1g 指示剂溶于 100mL60％乙醇
百里酚酞	9.3~10.5	无色~蓝	0.1g 指示剂溶于 100mL90％乙醇

* 本表引自：武汉大学. 分析化学实验[M]. 5版. 北京：高等教育出版社，2012：205.

（二）酸碱混合指示剂

指示剂溶液的组成	变色点 pH	酸色	碱色	备注
1份 $1g \cdot L^{-1}$ 甲基黄酒精溶液 1份 $1g \cdot L^{-1}$ 次甲基蓝酒精溶液	3.25	蓝紫	绿	pH3.2 蓝紫色 pH3.4 绿色

续表

指示剂溶液的组成	变色点 pH	酸色	碱色	备注
1份 1g·L^{-1} 甲基橙水溶液 1份 2.5g·L^{-1} 靛蓝二磺酸水溶液	4.1	紫	黄绿	
1份 1g·L^{-1} 溴甲酚绿钠盐水溶液 1份 2g·L^{-1} 甲基橙水溶液	4.3	橙	蓝绿	pH3.5 黄色 pH4.05 绿色 pH4.3 蓝绿色
3份 1g·L^{-1} 溴甲酚绿酒精溶液 1份 2g·L^{-1} 甲基红酒精溶液	5.1	酒红	绿	
1份 1g·L^{-1} 溴甲酚绿钠盐水溶液 1份 1g·L^{-1} 次甲基蓝酒精溶液	5.4	红紫	绿	pH5.2 红 pH5.4 暗蓝 pH5.6 绿
1份 1g·L^{-1} 溴甲酚绿钠盐水溶液 1份 1g·L^{-1} 氯酚红钠盐水溶液	6.1	黄绿	蓝紫	pH5.4 蓝绿 pH5.8 蓝 pH6.2 蓝紫
1份 1g·L^{-1} 中性红酒精溶液 1份 1g·L^{-1} 次甲基蓝酒精溶液	7.0	蓝紫	绿	pH7.0 蓝紫
1份 1g·L^{-1} 溴百里酚蓝钠盐水溶液 1份 1g·L^{-1} 酚红钠盐水溶液	7.5	黄	绿	pH7.2 暗绿 pH7.4 淡紫 pH7.6 深紫
1份 1g·L^{-1} 甲酚红钠盐水溶液 3份 1g·L^{-1} 百里酚蓝钠盐水溶液	8.3	黄	紫	pH8.2 玫瑰红 pH8.4 紫色
1份 1g·L^{-1} 百里酚蓝 50%酒精溶液 3份 1g·L^{-1} 酚酞 50%酒精溶液	9.0	黄	紫	从黄到绿,再到紫
1份 1g·L^{-1} 酚酞酒精溶液 1份 1g·L^{-1} 百里酚蓝酒精溶液	9.9	无	紫	pH9.6 玫瑰红 pH10 紫色
1份 1g·L^{-1} 百里酚蓝酒精溶液 1份 1g·L^{-1} 茜素黄 R 酒精溶液	10.2	黄	紫	

(三) 金属离子指示剂

指示剂名称	解离平衡和颜色变化	溶液配制方法
铬黑 T(EBT)	$\underset{\text{紫红}}{H_2In^-} \xrightleftharpoons[]{pK_{a2}=6.3} \underset{\text{蓝}}{HIn^{2-}} \xrightleftharpoons[]{pK_{a3}=11.55} \underset{\text{橙}}{In^{3-}}$	5g·L^{-1} 水溶液
二甲酚橙(XO)	$\underset{\text{黄}}{H_3In^{4-}} \xrightleftharpoons[]{pK_a=6.3} \underset{\text{红}}{H_2In^{5-}}$	2g·L^{-1} 水溶液
K-B 指示剂	$\underset{\text{红}}{H_2In} \xrightleftharpoons[]{pK_{a1}=8} \underset{\text{蓝}}{HIn^-} \xrightleftharpoons[]{pK_{a2}=13} \underset{\text{紫红}}{In^{2-}}$ (酸性铬蓝 K)	0.2g 酸性铬蓝 K 与 0.4g 萘酚绿 B 溶于 100mL 蒸馏水中
钙指示剂	$\underset{\text{酒红}}{H_2In^-} \xrightleftharpoons[]{pK_{a2}=7.4} \underset{\text{蓝}}{HIn^{2-}} \xrightleftharpoons[]{pK_{a3}=13.5} \underset{\text{酒红}}{In^{3-}}$	5g·L^{-1} 的乙醇溶液
吡啶偶氮萘酚(PAN)	$\underset{\text{黄绿}}{H_2In^+} \xrightleftharpoons[]{pK_{a1}=1.9} \underset{\text{黄}}{HIn} \xrightleftharpoons[]{pK_{a2}=12.2} \underset{\text{淡红}}{In^-}$	1g·L^{-1} 的乙醇溶液

续表

指示剂名称	解离平衡和颜色变化	溶液配制方法
Cu-PAN(CuY-PAN溶液)	$\underset{\text{浅绿}}{CuY} + \underset{\text{无色}}{PAN} + M^{n+} = MY + \underset{\text{红色}}{Cu-PAN}$	10mL 0.05mol·L^{-1} Cu^{2+}溶液,加 5mL pH5~6 的 HAc 缓冲液,1滴 PAN 指示剂,加热至 60℃ 左右,用 EDTA 滴至绿色,得到 0.025mol·L^{-1} CuY 溶液。使用时取 2~3mL 于试液中,再加数滴 PAN 溶液
磺基水杨酸	$\underset{\text{无色}}{H_2In} \underset{}{\overset{pK_{a1}=2.7}{\rightleftharpoons}} \underset{\text{紫红}}{HIn^-} \overset{pK_{a2}=13.1}{\rightleftharpoons} In^{2-}$	10g·L^{-1} 的水溶液
钙镁试剂	$\underset{\text{红}}{H_2In} \overset{pK_{a2}=8.1}{\rightleftharpoons} \underset{\text{蓝}}{HIn^{2-}} \overset{pK_{a3}=12.4}{\rightleftharpoons} \underset{\text{红橙}}{In^{3-}}$	5g·L^{-1} 水溶液

(四)吸附指示剂

名称	配制	用于测定		
		可测元素(括号内为滴定剂)	颜色变化	测定条件
荧光黄	10g·L^{-1} 钠盐水溶液	Br$^-$,I$^-$,SCN$^-$(Ag$^+$)	黄绿-粉红	中性或弱碱性
二氯荧光黄	10g·L^{-1} 钠盐水溶液	Cl$^-$,Br$^-$,I$^-$(Ag$^+$)	黄绿-粉红	pH=4.4~7.2
四溴荧光黄(暗红)	10g·L^{-1} 钠盐水溶液	Br$^-$,I$^-$(Ag$^+$)	橙红-红紫	pH=1~2
溴酚蓝	1g·L^{-1} 的 20%乙醇溶液	Cl$^-$,I$^-$(Ag$^+$)	黄绿-蓝	微酸性

(五)氧化还原指示剂

示剂	氧化型颜色	还原型颜色	E/V [H$^+$]=1mol·L^{-1}	配制方法
二苯胺	紫	无色	0.76	1%浓硫酸溶液
二苯胺磺酸钠	紫红	无色	0.85	0.5%水溶液
亚甲基蓝	蓝	无色	0.532	0.1%水溶液
中性红	红	无色	0.24	0.1%乙醇溶液
N-邻苯氨基苯甲酸	紫红	无色	1.08	0.1g 指示剂溶于 50mL 5% 的 Na$_2$CO$_3$ 溶液,并用蒸馏水稀释至 100mL
邻二氮菲-Fe(Ⅱ)	浅蓝	红	1.06	1.485g 邻二氮菲与 0.695g 硫酸亚铁混合,溶于 100mL 蒸馏水(0.025mol·L^{-1})
5-硝基邻二氮菲-Fe(Ⅱ)	浅蓝	紫红	1.25	1.608g 5-硝基邻二氮菲与 0.695g 硫酸亚铁混合,溶于 100mL 蒸馏水(0.025mol·L^{-1})

附录 B 常用缓冲溶液的配制

缓冲溶液的组成	pK_a	缓冲液 pH	缓冲溶液配制方法
氨基乙酸-HCl	2.35(pK_{a_1})	2.3	取 150g 氨基乙酸溶于 500mL 蒸馏水中,加 80mL 浓 HCl 溶液,用蒸馏水稀释至 1L
H_3PO_4-柠檬酸盐		2.5	取 113g $Na_2HPO_4 \cdot 12H_2O$ 溶于 200mL 蒸馏水后,加 387g 柠檬酸,溶解,过滤后,稀释至 1L
一氯乙酸-NaOH	2.86	2.8	取 200g 一氯乙酸溶于 200mL 蒸馏水中,加 40g NaOH,溶解后,稀释至 1L
邻苯二甲酸氢钾-HCl	2.95(pK_{a_1})	2.9	取 50g 邻苯二甲酸氢钾溶于 500mL 蒸馏水中,加 80mL 浓 HCl 溶液,稀释至 1L
甲酸-NaOH	3.76	3.7	取 95g 甲酸和 40g NaOH 于 500mL 蒸馏水中,溶解,稀释至 1L
NaAc-HAc	4.74	4.7	取 83g 无水 NaAc 溶于蒸馏水中,加 60mL 冰醋酸,稀释至 1L
六亚甲基四胺-HCl	5.15	5.4	取 40g 六亚甲基四胺溶于 200mL 蒸馏水中,加 10mL 浓 HCl,稀释至 1L
Tris-HCl[三羟甲基氨基甲烷 $CNH_2(HOCH_3)_3$]	8.21	8.2	取 25g Tris 试剂溶于蒸馏水中,加 8mL 浓 HCl 溶液,稀释至 1L
NH_3-NH_4Cl	9.26	9.2	取 54g NH_4Cl 溶于蒸馏水中,加 63mL 浓氨水,稀释至 1L

附录 C 常用浓酸、浓碱的密度和浓度

试剂名称	密度/(g·mL^{-1})	质量分数/%	浓度/(mol·L^{-1})
盐酸	1.18～1.19	36～38	11.6～12.4
硝酸	1.39～1.40	65.0～68.0	14.4～15.2
硫酸	1.83～1.84	95～98	17.8～18.4
磷酸	1.69	85	14.6
高氯酸	1.68	70.0～72.0	11.7～12.0
冰醋酸	1.05	99.8(优级纯)99.0(分析纯、化学纯)	17.4
氢氟酸	1.13	40	22.5
氢溴酸	1.49	47.0	8.6
氨水	0.88～0.90	25.0～28.0	13.3～14.8

附录 D 国产滤纸的型号与性质

分类与标志		型号	灰分/(mg/张)	孔径/μm	过滤物晶形	适应过滤的沉淀	相对应的砂芯坩埚号
定量	快速黑色或白色纸带	201	<0.10	80~120	胶状沉淀物	$Fe(OH)_3$ $Al(OH)_3$ H_2SiO_3	G1 G2 可抽滤稀胶体
定量	中速蓝色纸带	202	<0.10	30~50	一般结晶形沉淀	SiO_2 $MgNH_4PO_4$ $ZnCO_3$	G3 可抽滤粗晶形沉淀
定量	慢速红色或橙色纸带	203	0.10	1~3	较细结晶形沉淀	$BaSO_4$ CaC_2O_4 $PbSO_4$	G4 G5 可抽滤细晶形沉淀
定性	快速黑色或白色纸带	101		>80	无机物沉淀的过滤分离及有机物重结晶的过滤		
定性	中速蓝色纸带	102		>50			
定性	慢速红色或橙色纸带	103		>3			

附录 E 常用基准物质的干燥条件及应用

基准物质 名称	分子式	干燥后组成	干燥条件/℃	标定对象
碳酸氢钠	$NaHCO_3$	Na_2CO_3	270~300	酸
碳酸钠	$Na_2CO_3 \cdot 10H_2O$	Na_2CO_3	270~300	酸
硼砂	$Na_2B_4O_7 \cdot 10H_2O$	$Na_2B_4O_7 \cdot 10H_2O$	放在含 NaCl 和蔗糖饱和溶液的干燥器中	酸
碳酸氢钾	$KHCO_3$	K_2CO_3	270~300	酸
草酸	$H_2C_2O_4 \cdot 2H_2O$	$H_2C_2O_4 \cdot 2H_2O$	室温,空气干燥	酸或 $KMnO_4$
邻苯二甲酸氢钾	$KHC_8H_4O_4$	$KHC_8H_4O_4$	110~120	碱
重铬酸钾	$K_2Cr_2O_7$	$K_2Cr_2O_7$	140~150	还原剂
溴酸钾	$KBrO_3$	$KBrO_3$	130	还原剂
碘酸钾	KIO_3	KIO_3	130	还原剂
铜	Cu	Cu	室温干燥器中保存	EDTA 或还原剂

续表

基准物质		干燥后组成	干燥条件/℃	标 定 对 象
名称	分子式			
三氧化二砷	As_2O_3	As_2O_3	室温干燥器中保存	氧化剂
草酸钠	$Na_2C_2O_4$	$Na_2C_2O_4$	130	氧化剂
碳酸钙	$CaCO_3$	$CaCO_3$	110	EDTA
锌	Zn	Zn	室温干燥器中保存	EDTA
氧化锌	ZnO	ZnO	900~1000	EDTA
氯化钠	NaCl	NaCl	500~600	$AgNO_3$
氯化钾	KCl	KCl	500~600	$AgNO_3$
硝酸银	$AgNO_3$	$AgNO_3$	280~290	氯化物
氨基磺酸	$HOSO_2NH_2$	$HOSO_2NH_2$	在真空 H_2SO_4 干燥器中保存 48h	碱
氟化钠	NaF	NaF	铂坩埚中 500~550℃下保存 40~50min,H_2SO_4 干燥器中冷却	

附录 F 相对原子质量表(2001年)

原子序数	名　称	元素符号	相对原子质量
1	氢	H	1.0079
2	氦	He	4.0026
3	锂	Li	6.941
4	铍	Be	9.0122
5	硼	B	10.811
6	碳	C	12.011
7	氮	N	14.007
8	氧	O	15.999
9	氟	F	18.998
10	氖	Ne	20.180
11	钠	Na	22.990
12	镁	Mg	24.305
13	铝	Al	26.982
14	硅	Si	28.086
15	磷	P	30.974
16	硫	S	32.066
17	氯	Cl	35.453
18	氩	Ar	39.948
19	钾	K	39.098
20	钙	Ca	40.078

续表

原子序数	名称	元素符号	相对原子质量
21	钪	Sc	44.956
22	钛	Ti	47.867
23	钒	V	50.942
24	铬	Cr	51.996
25	锰	Mn	54.938
26	铁	Fe	55.845
27	钴	Co	58.933
28	镍	Ni	58.693
29	铜	Cu	63.546
30	锌	Zn	65.409
31	镓	Ga	69.723
32	锗	Ge	72.64
33	砷	As	74.922
34	硒	Se	78.96
35	溴	Br	79.904
36	氪	Kr	83.798
37	铷	Rb	85.468
38	锶	Sr	87.62
39	钇	Y	88.906
40	锆	Zr	91.224
41	铌	Nb	92.906
42	钼	Mo	95.94
43	锝	Tc	97.907
44	钌	Ru	101.07
45	铑	Rh	102.906
46	钯	Pd	106.42
47	银	Ag	107.868
48	镉	Cd	112.41
49	铟	In	114.82
50	锡	Sn	118.71
51	锑	Sb	121.76
52	碲	Te	127.60
53	碘	I	126.904
54	氙	Xe	131.293
55	铯	Cs	132.905
56	钡	Ba	137.327
57	镧	La	138.906
58	铈	Ce	140.116
59	镨	Pr	140.908
60	钕	Nd	144.24
61	钷	Pm	144.913
62	钐	Sm	150.36

续表

原 子 序 数	名 称	元 素 符 号	相对原子质量
63	铕	Eu	151.964
64	钆	Gd	157.25
65	铽	Tb	158.925
66	镝	Dy	162.50
67	钬	Ho	164.9303
68	铒	Er	167.259
69	铥	Tm	168.9342
70	镱	Yb	173.04
71	镥	Lu	174.967
72	铪	Hf	178.49
73	钽	Ta	180.9479
74	钨	W	183.84
75	铼	Re	186.207
76	锇	Os	190.23
77	铱	Ir	192.217
78	铂	Pt	195.078
79	金	Au	196.9666
80	汞	Hg	200.59
81	铊	Tl	204.3833
82	铅	Pb	207.2
83	铋	Bi	208.9804
84	钋	Po	208.9824
85	砹	At	209.9871
86	氡	Rn	222.0176
87	钫	Fr	223.0197
88	镭	Ra	226.0254
89	锕	Ac	227.0277
90	钍	Th	232.0381
91	镤	Pa	231.0359
92	铀	U	238.0289
93	镎	Np	237.0482
94	钚	Pu	244.0642
95	镅	Am	243.0614
96	锔	Cm	247.0704
97	锫	Bk	247.0703
98	锎	Cf	251.0796
99	锿	Es	252.0830
100	镄	Fm	257.0951
101	钔	Md	258.0984
102	锘	No	259.1010
103	铹	Lr	262.1097
104	𬬻	Rf	261.1088

续表

原子序数	名 称	元素符号	相对原子质量
105	钍	Db	262.1141
106	镭	Sg	266.1219
107	铍	Bh	264.12
108	镙	Hs	265
109	䥯	Mt	268.1388
110		Ds	281
111		Rg	272.1535
112		Uub	285
114		Uuq	289
116		Uuh	289

附录 G 常用化合物的相对分子质量表

化合物	相对分子质量	化合物	相对分子质量
Ag_3AsO_4	462.52	$Ba(OH)_2$	171.34
$AgBr$	187.77	$BaSO_4$	233.39
$AgCl$	143.32	$BiCl_3$	315.34
$AgCN$	133.89	$BiOCl$	60.43
$AgSCN$	133.95	CO_2	44.01
Ag_2CrO_4	331.73	CaO	56.08
AgI	234.77	$CaCO_3$	100.09
$AgNO_3$	169.87	CaC_2O_4	128.10
$AlCl_3$	133.34	$CaCl_2$	110.99
$AlCl_3 \cdot 6H_2O$	241.43	$CaCl_2 \cdot 6H_2O$	219.08
$Al(NO_3)_3$	213.00	$Ca(NO_3)_2 \cdot 4H_2O$	236.15
$Al(NO_3)_3 \cdot 9H_2O$	375.13	$Ca(OH)_2$	74.09
Al_2O_3	101.96	$Ca_3(PO_4)_2$	310.18
$Al(OH)_3$	78.00	$CaSO_4$	136.14
$Al_2(SO_4)_3$	342.14	$CdCO_3$	172.42
$Al_2(SO_4)_3 \cdot 18H_2O$	666.41	$CdCl_2$	183.82
As_2O_3	197.84	CdS	144.47
As_2O_5	229.84	$Ce(SO_4)_2$	332.24
As_2S_3	246.02	$Ce(SO_4)_2 \cdot 4H_2O$	404.30
$BaCO_3$	197.34	$CoCl_2$	129.84
BaC_2O_4	225.35	$CoCl_2 \cdot 6H_2O$	237.93
$BaCl_2$	208.24	$Co(NO_3)_2$	132.94
$BaCl_2 \cdot 2H_2O$	244.27	$Co(NO_3)_2 \cdot 6H_2O$	291.03
$BaCrO_4$	253.32	CoS	90.99
BaO	153.33	$CoSO_4$	154.99

续表

化合物	相对分子质量	化合物	相对分子质量
$CoSO_4 \cdot 7H_2O$	281.10	$H_2C_2O_4$	90.035
$CO(NH_2)_2$	60.06	$H_2C_2O_4 \cdot 2H_2O$	126.07
$CrCl_3$	158.35	HCl	36.461
$CrCl_3 \cdot 6H_2O$	266.45	HF	20.006
$Cr(NO_3)_3$	238.01	HI	127.91
Cr_2O_3	151.99	HIO_3	175.91
$CuCl$	98.999	HNO_3	63.013
$CuCl_2$	134.45	HNO_2	47.013
$CuCl_2 \cdot 2H_2O$	170.348	H_2O	18.015
$CuSCN$	121.62	H_2O_2	34.015
CuI	190.45	H_3PO_4	97.995
$Cu(NO_3)_2$	187.56	H_2S	34.08
$Cu(NO_3)_2 \cdot 3H_2O$	241.60	H_2SO_3	82.07
CuO	79.545	H_2SO_4	98.07
Cu_2O	143.09	$Hg(CN)_2$	252.63
CuS	95.61	$HgCl_2$	271.50
$CuSO_4$	159.60	Hg_2Cl_2	472.09
$CuSO_4 \cdot 5H_2O$	249.68	HgI_2	454.40
$FeCl_2$	126.75	$Hg_2(NO_3)_2$	525.19
$FeCl_2 \cdot 4H_2O$	198.81	$Hg_2(NO_3)_2 \cdot 2H_2O$	561.22
$FeCl_3$	162.21	$Hg(NO_3)_2$	324.60
$FeCl_3 \cdot 6H_2O$	270.30	HgO	216.59
$FeNH_4(SO_4)_2 \cdot 12H_2O$	482.18	HgS	232.65
$Fe(NO_3)_3$	241.86	$HgSO_4$	296.65
$Fe(NO_3)_3 \cdot 9H_2O$	404.00	Hg_2SO_4	497.24
FeO	71.846	$KAl(SO_4)_2 \cdot 12H_2O$	474.38
Fe_2O_3	159.69	KBr	119.00
Fe_3O_4	231.54	$KBrO_3$	167.00
$Fe(OH)_3$	106.87	KCl	74.551
FeS	87.91	$KClO_3$	122.55
Fe_2S_3	207.87	$KClO_4$	138.55
$FeSO_4$	151.90	KCN	65.116
$FeSO_4 \cdot 7H_2O$	278.01	$KSCN$	97.18
$Fe(NH_4)_2(SO_4)_2 \cdot 6H_2O$	392.125	K_2CO_3	148.21
H_3AsO_3	125.94	K_2CrO_4	194.19
H_3AsO_4	141.94	$K_2Cr_2O_7$	294.18
H_3BO_3	61.83	$K_3Fe(CN)_6$	329.25
HBr	80.912	$K_4Fe(CN)_6$	368.35
HCN	27.026	$KFe(SO_4)_2 \cdot 12H_2O$	503.24
$HCOOH$	46.026	$KHC_2O_4 \cdot H_2O$	146.14
CH_3COOH	60.052	$KHC_2O_4 \cdot H_2C_2O_4 \cdot 2H_2O$	254.19
H_2CO_3	62.025	$KHC_4H_4O_6$	188.18

续表

化合物	相对分子质量	化合物	相对分子质量
$KHSO_4$	136.16	$(NH_4)_2S$	68.14
KI	166.00	$(NH_4)_2SO_4$	132.13
KIO_3	214.00	NH_4VO_3	116.98
$KIO_3 \cdot HIO_3$	389.91	Na_3AsO_3	191.89
$KMnO_4$	158.03	$Na_2B_4O_7$	201.22
$KNaC_4H_4O_6 \cdot 4H_2O$	282.22	$Na_2B_4O_7 \cdot 10H_2O$	381.37
KNO_3	101.10	$NaBiO_3$	279.97
KNO_2	85.104	$NaCN$	49.007
K_2O	94.196	$NaSCN$	81.07
KOH	56.106	Na_2CO_3	105.99
K_2SO_4	174.25	$Na_2CO_3 \cdot 10H_2O$	286.14
$MgCO_3$	84.314	$Na_2C_2O_4$	134.00
$MgCl_2$	95.211	CH_3COONa	82.034
$MgCl_2 \cdot 6H_2O$	203.30	$CH_3COONa \cdot 3H_2O$	136.08
MgC_2O_4	112.33	$NaCl$	58.443
$Mg(NO_3)_2 \cdot 6H_2O$	256.41	$NaClO$	74.442
$MgNH_4PO_4$	137.32	$NaHCO_3$	84.007
MgO	40.304	SnO_2	150.71
$Mg(OH)_2$	58.32	$Na_2HPO_4 \cdot 12H_2O$	358.14
$Mg_2P_2O_7$	222.55	$Na_2H_2Y \cdot 2H_2O$	372.24
$MgSO_4 \cdot 7H_2O$	246.47	$NaNO_2$	68.995
$MnCO_3$	114.95	$NaNO_3$	84.995
$MnCl_2 \cdot 4H_2O$	197.91	Na_2O	61.979
$Mn(NO_3)_2 \cdot 6H_2O$	287.04	Na_2O_2	77.978
MnO	70.937	$NaOH$	39.997
MnO_2	86.937	Na_3PO_4	163.94
MnS	87.00	Na_2S	78.04
$MnSO_4$	151.00	$Na_2S \cdot 9H_2O$	240.18
$MnSO_4 \cdot 4H_2O$	223.06	Na_2SO_3	126.04
NO	30.006	Na_2SO_4	142.04
NO_2	46.066	$Na_2S_2O_3$	158.10
NH_3	17.03	$Na_2S_2O_3 \cdot 5H_2O$	248.17
CH_3COONH_4	77.083	$NiCl_2 \cdot 6H_2O$	237.69
NH_4Cl	53.491	NiO	74.69
$(NH_4)_2CO_3$	96.086	$Ni(NO_3)_2 \cdot 6H_2O$	290.79
$(NH_4)_2C_2O_4$	124.10	NiS	90.75
$(NH_4)_2C_2O_4 \cdot H_2O$	142.11	$NiSO_4 \cdot 7H_2O$	280.85
NH_4SCN	76.12	P_2O_5	141.94
NH_4HCO_3	79.055	$PbCO_3$	267.20
$(NH_4)_2MoO_4$	196.01	PbC_2O_4	295.22
NH_4NO_3	80.043	$PbCl_2$	278.10
$(NH_4)_2HPO_4$	132.06	$Pb(CH_3COO)_2$	325.30

续表

化合物	相对分子质量	化合物	相对分子质量
$Pb(CH_3COO)_2 \cdot 3H_2O$	379.30	$SnCl_4 \cdot 5H_2O$	350.58
PbI_2	461.00	SnS	150.776
$Pb(NO_3)_2$	331.20	$SrCO_3$	147.63
PbO	223.20	SrC_2O_4	175.64
PbO_2	239.20	$SrCrO_4$	203.61
$Pb_3(PO_4)_2$	811.54	$Sr(NO_3)_2$	211.63
PbS	239.30	$Sr(NO_3)_2 \cdot 4H_2O$	283.69
$PbSO_4$	303.30	$SrSO_4$	183.69
SO_3	80.06	$UO_2(CH_3COO)_2 \cdot 2H_2O$	424.15
SO_2	64.06	$ZnCO_3$	125.39
$SbCl_3$	228.11	ZnC_2O_4	153.40
$SbCl_5$	299.02	$ZnCl_2$	136.29
Sb_2O_3	291.50	$Zn(CH_3COO)_2$	183.47
Sb_2S_3	339.68	$Zn(CH_3COO)_2 \cdot 2H_2O$	219.50
SiF_4	104.08	$Zn(NO_3)_2$	189.39
SiO_2	60.084	$Zn(NO_3)_2 \cdot 6H_2O$	297.48
$SnCl_2$	189.60	ZnO	81.38
$SnCl_2 \cdot 2H_2O$	225.63	ZnS	97.44
$SnCl_4$	260.50	$ZnSO_4 \cdot 7H_2O$	287.54